万水·荟生活

荟时尚生活　聚精彩人生

duo rou zhang shang hua yuan

多肉掌上花园

阿呆 著

中国水利水电出版社
www.waterpub.com.cn

内容提要

园艺界的萌宠"多肉"越来越受人青睐，小巧的造型、鲜艳的色彩、省心的打理尤其适合年轻人"胃口"。本书精选141款经典多肉图鉴，同时将作者的独家秘笈"二十四节气多肉养护法"精彩呈现。以图解的形式详细介绍上盆、配土、繁殖等基础种植知识，更浅显易懂，栽培中遇到的各种疑难杂症也能找到最详细的解答。给多肉一份爱，与它共度最美的时光吧！

图书在版编目（CIP）数据

多肉掌上花园 / 阿呆著. -- 北京 ：中国水利水电
出版社，2014.2（2016.6重印）
ISBN 978-7-5170-1559-8

Ⅰ. ①多… Ⅱ. ①阿… Ⅲ. ①观赏园艺 Ⅳ. ①S68

中国版本图书馆CIP数据核字(2013)第311278号

策划编辑：马 妍　责任编辑：宋俊娥　加工编辑：马 妍　装帧设计：张亚群

书　　名	多肉掌上花园
作　　者	阿呆 著
出版发行	中国水利水电出版社 （北京市海淀区玉渊潭南路 1 号 D 座 100038） 网　　址：www.waterpub.com.cn E-mail：mchannel@263.net（万水） 　　　　　sales@waterpub.com.cn 电　　话：（010）68367658（发行部）、82562819（万水）
经　　售	北京科水图书销售中心（零售） 电　　话：（010）88383994、63202643、68545874 全国各地新华书店和相关出版物销售网点
排　　版	北京万水电子信息有限公司
印　　刷	联城印刷（北京）有限公司
规　　格	185mm×205mm　16开本　12印张　40千字
版　　次	2014年2月第1版　2016年6月第5次印刷
印　　数	28001—33000册
定　　价	49.80元

凡购买我社图书，如有缺页、倒页、脱页的，本社发行部负责调换

前言

　　阿呆来自湖南的乡野山村，自幼陶醉在大自然的美丽时光里，对花草树木、田间风光无限迷恋。在北京混迹这些年，一直在蜗居养些花花草草，直到有一天偶然接触到多肉植物，便立即被这些"小精灵"所吸引，陶醉其中。

　　养多肉的过程中，我有感于它们生命之顽强、形态之可爱、颜色之灿烂，慢慢有了与更多朋友分享这份自然之礼的想法，遂在淘宝上开了一个多肉小店。经营和养植多肉的过程中，我一方面慢慢积累心得体会，同时也不断和花友交流养护经验，解答顾客兼花友的各种疑问，这些是促成这本书的动力来源。

　　多肉植物这些年给我最大的感动，就是它们顽强、旺盛的生命力。只要很少的付出，它们都能蓬勃生长。恰似千千万万漂在这个城市的年轻人，无论境况如何，都能努力奋斗。

　　而欣赏它们四季的形态、颜色的变化，则是一件非常愉悦的事情。把握不同肉肉的生长习性，就像与许多个性迥异的小友神交，只有深深沉醉期间，方能感悟这万千世界。

　　多肉植物品种繁多，高矮胖瘦各不相同，红绿蓝紫缤纷万千。结合多样的花器能组合出非常漂亮、出神入化的盆栽样式，在阳台或办公桌的方寸之间，也能呈现出一片山水，浓缩自然于一角，陶冶我们的性情，愉悦我们的灵魂。

　　拿出一点时间，挑选一个小花盆，开始多肉植物的养植之旅吧。在多肉的世界里，总有一款符合你的心性，和它一起成长，一起感悟吧。营造一个属于自己的掌上花园！

　　以下人员为本书的创作提供了必不可少的帮助，他们是罗名定、刘建辉、张园园、李元、王艳、邢颖、袁莉、郑明轩。特此感谢！

阿呆

目录

Part 1
二十四节气与多肉养护

　　二十四节气是中国古人智慧的总结，中国地域广阔，南北方气候大不相同，阿呆在中国南北方（北京、湖南、贵州）都养过植物，包括多肉，想总结出适合各地的养植方法是非常难的。但是二十四节气在中国南北方总体上还是有极其相似的变化规律的，南北方季节来临虽然会有时间差，但不会有本质的区别。于是，阿呆便有了根据二十四节气的时间表来栽培多肉的想法，实施起来也很成功。对新手来说，简单易掌握，希望更多花友能通过这个节气表来养好多肉。

二十四节气多肉养护表

	立春 2月3日至5日	雨水 2月18日至20日	惊蛰 3月5日 至7日	春分 3月20日至22日	清明 4月4日至6日	谷雨 4月19日至21日
日照	全日照					
水、肥、风	选择有阳光且气温高于10℃的日子1~3周浇水1次，持续寒冷，无强制通风要求，不能积水		1~2周浇水1次，补充液态花肥1次。惊蛰过后需预防杀虫一次		1~2周浇水1次，补充颗粒花肥1次	
环境状态	气温开始慢慢回暖，但不稳定	气温逐渐稳定，植物即将进入快速生长期。细菌开始繁殖，建议预防杀菌1次		快速生长期，温度、湿度、光照适宜		
注意	北方：停止供暖，气温偏低，要减少浇水；南方：气温稳定上升，应适当增加浇水量		多肉最美丽的春季；预防虫害，一旦发现，即刻隔离和清除（方法参见"Part4超级经验分享"）			
	立秋 8月7日至9日	处暑 8月22日至24日	白露 9月7日至9日	秋分 9月22日至24日	寒露 10月8日至9日	霜降 10月23日至24
日照	虽说已经立秋，但日照持续强烈，需继续遮阳。喜欢暴晒的多肉处暑后可开始慢慢转移到日照好的南向阳台		日照明显减弱，气温低于30℃时慢慢转至全日照的位置			
水、肥、风	凉爽夜间或清晨1~3周少量浇水，浇水量是正常给水量的1/2		1~2周给水一次，补充颗粒花肥一次		1~2周给水一次	
环境状态	空气慢慢由夏天的潮润变为干燥、不稳定的闷热		阳光充足，早晚温差大，此时是快速生长期，温度、日照适宜			
注意	持续燥热	早上气温开始逐渐转为凉爽，但白天温度依然很高，不要盲目恢复浇水	多肉又一个美丽的季节（绝大多数常见的番杏科多肉进入花季）			

立夏 月5日至7日	小满 5月20日至22日	芒种 6月5日至7日	夏至 6月21日至22日	小暑 7月6日至8日	大暑 7月22日至24日
开始注意日照		根据当地日照强度，适当给植物遮光或移至非朝南阳台		日照强烈，不靠近玻璃，防止晒伤	
1~2周浇水1次，施缓释花肥一次	1~3周浇水1次，气温高于32℃时减少浇水。注意通风		选凉爽的夜间或清晨2~3周少量给水一次。加强通风，无通风的环境请用电风扇补充		
气温稳步上升、日照陆续加强。番杏科等开始慢慢进入蜕皮期		雨季，空气湿度加大	雨季，空气湿润、闷热		
气温高于32℃时减少浇水	预防细菌感染及病虫害，勿靠近玻璃，以防晒伤，最好等夜间凉爽后再浇水（不休眠的多肉、仙人掌科及马齿苋科等夏种型多肉继续正常浇水）				

冬 月7日至8日	小雪 11月22日至23日	大雪 12月6日至8日	冬至 12月21日至23日	小寒 1月5日至7日	大寒 1月20日至21日
全日照（若室外气温高于10℃可以考虑放在室外直晒）					
1~2周给水一次，施缓释花肥一次	1~3周给水1次，气温低于10℃时浇水量减少至正常给水量的1/3		选阳光好且气温高于10℃的上午2~3周浇水一次，减少浇水量，无水珠后适当避开风口通风		
日照强度减弱，气温逐渐下降			极寒，室内无暖气或气温低于10℃时，多肉停止生长或休眠。冬休眠植物开始休眠（室内有暖气时，大部分多肉无明显休眠状态，但仍需减少浇水）		
气温低于10℃时减少浇水	多肉不要靠近玻璃，以防冻伤，冬季天冷，建议在天气晴朗的上午10点左右浇水（有暖气及空调的房间正常给水，且需要加大空气湿度，防止根系萎缩）				

二十四节气是阿呆生活中最重要的历法之一。小的时候在农村，奶奶会经常提及。养多肉后发现，若是按二十四节气的气候特点来养护，效果非常好。从贵阳到北京，南北虽有气候差异，但总体上按节气走都没问题。下面就详细说说每个节气的养护要点。

▶ 立春：2月3日至2月5日
▶ 雨水：2月18日至2月20日

立春节气过后气温开始慢慢回升，南方明显感觉暖和了，而北方一般在雨水节气后才有明显的感觉。因此，建议长江以南地区的花友，将浇水次数改为1~2周一次；长江以北地区还是2~3周一次，白天晴朗时浇水，夜间不浇水。雨水节气后，细菌及病毒都开始大量传播，建议预防杀菌一次。南方开始陆续出现降雨，而北方持续干燥，除正常浇水外，可以喷水加大湿度。

浇水量：花土基本湿润（带底孔的花器浇至底孔流出水，不带底孔的浇水量为花器容积的1/4）

日照：全日照（能晒多久就晒多久）

施肥：无需施肥

颜色：★★★（不是多肉最漂亮的季节，但总体还算可以）

惊蛰节气过后气温稳定上升，到春分时已经比较适宜植物生长了，此时多肉的生长速度明显加快。建议花土干透后浇水，所谓花土干透，就是花土表面以下2厘米左右都基本干了，正常花土干透时间为1~2周，因此浇水时间也为1~2周一次。惊蛰过后，蛰伏了一个冬季的昆虫也开始慢慢苏醒，建议在春分前后预防杀虫一次。

浇水量：花土基本湿润（带底孔的花器浇至底孔流出水，不带底孔的浇水量为花盆容积的1/4）

日照：全日照

施肥：无需施肥（黄河以南地区可以开始添加颗粒花肥）

颜色：★★★★（多肉开始变得靓丽，有些已经很漂亮了）

　　"清明时节雨纷纷"，想想就觉得空气都润润的。清明节气后，绝大多数多肉不论颜色还是品相都进入了最漂亮的时期。生长速度也在加快，对于喜欢修枝繁殖的花友来说，这个时段非常适合。闲来没事还可收集一些叶片来叶插，会有不错的收获。建议花土干透就浇水。

浇水量： 浇透（带底孔的花器浇到流出水两次，不带底孔的浇水量是花器容积的1/3）

日照： 全日照

施肥： 黄河以南地区补充颗粒花肥一次

颜色： ★★★★★（大部分多肉都达到最美丽的时期）

　　立夏过后，气温持续上升，植物仍处于快速生长期。黄河以南的花友过完小满后，浇水时间应改为夜间或凉爽的早上，同时注意日照及温度，若超过32℃且日照强烈，要及时将不喜欢暴晒的多肉转移到阳光相对弱一些的位置；浇水的时间也要调整为1~3周一次。黄河以北的花友还可按原来的习惯1~2周浇一次。立夏与小满节气间，要杀菌一次，预防细菌感染。

浇水量：浇透（带底孔的花器浇到底孔流水2次，不带底孔的浇水量是花器容积的1/3）

日照：全日照（黄河以南的花友适时调整摆放位置或者遮阳）

施肥：补充缓释花肥一次

颜色：★★★★★（持续美丽的季节）

　　芒种过后，不论在室外还在室内的阳台，只要出太阳都会明显感觉到炙热。南北方都将进入雨季，阴雨绵延的天气很常见。这期间关注天气预报，若几天都有雨，空气湿度比较大，就等下雨后再浇水，避免下雨前浇水导致植物非正常地徒长。夏至过后，建议在夜间天气凉爽后浇水，2~3周一次。芒种后是各种飞虫活动的高发期，建议用粘虫板防蚊虫，也可喷洒杀虫剂预防。

浇水量： 花土基本湿润（带底孔的花器浇至底孔流出水，不带底孔的浇水量为花器容积的1/4）

日照： 部分需遮阳（不喜欢晒的多肉使用遮阳网或转移到日照弱一点的阳台）

施肥： 无需施肥

颜色： ★★★★（开始变绿，容易徒长的多肉也开始疯狂地徒长）

　　小暑过后就进入一年中最热的季节了，呆在屋里也能感受到太阳的炽热。绝大多数多肉在此时浇水量为正常浇水量的1/3，也就是稍稍来点，花土表面3~5厘米基本湿润就好了。最怕浇水多了，第二天气温极高，加上日照超强，多肉就危险了。加强通风，若不能自然通风，用电风扇也是可以的。

　　浇水量：花土微微湿润（带底孔的花器浇水后无需底孔出水，不带底孔的花器浇至容积的1/4）

　　日照：需遮阳（对于喜欢晒但是不能暴晒的植物也需要遮阳）

　　施肥：无需施肥

　　颜色：★★（品相不美，徒长、变绿都开始了）

　　立秋节气后，清晨已经相对凉爽，但白天温度依然很高，还是不能放松对通风的要求。夜间凉爽的时候少量给水。这个季节不建议换盆换土，除非是烂根等非换不可的重要原因。

浇水量： 花土微微湿润（带底孔的花器浇水后无需底孔出水，不带底孔的花器浇至容积的1/4）

日照： 需遮阳（对于喜欢晒但不能暴晒的植物也需遮阳）

施肥： 无需施肥

颜色： ★★（品相仍不理想，徒长得乱七八糟，部分多肉还因高温而变黄）

　　天气转凉，露凝而白，昼夜平分。白露过后，黄河以北地区由炎热转为凉爽，多肉即将进入快速生长季。颜色慢慢变得鲜艳，植株形态越加饱满。秋分后，黄河以北地区的气温基本稳定为凉爽。不要马上增加浇水量，建议每次少量增加，经过2~3次浇水后由浇至花盆容积的1/4转为1/3。

浇水量：花土基本湿润（不带底孔的浇水量是容积的1/3）
日照：部分需遮阳（不喜欢晒的多肉要使用遮阳网，也可转移到日照弱些的阳台）
施肥：白露过后施加颗粒花肥一次
颜色：★★★★（植物即将进入最漂亮的季节）

　　寒露过后，多肉便进入了一年中第二个最漂亮的季节。尤其是霜降以后，植株颜色用争奇斗艳来形容毫不为过。无论是喜欢晒，还是不喜欢晒，多肉都可以去除遮阳网或转移到日照好的位置了。

浇水量：浇透（带底孔的花器浇到底孔流水两次，不带底孔花器的浇水量是容积的1/3）

日照：全日照

施肥：补充颗粒花肥一次

颜色：★★★★★（大部分多肉都达到最美丽的状态）

▶立冬：11月7日至11月8日
▶小雪：11月22日至11月23日

　　立冬节气后，夜间明显感觉冷了。过完小雪，黄河以北地区的花友夜间需要关窗，不耐冷凉的多肉尤其需要注意。黄河以南的花友浇水时间应为上午，夜间不要浇水，若一定要浇也只能少量，叶片表面不要残留水滴。

浇水量：浇透（带底孔的花器浇到底孔流水两次，不带底孔的花器的浇水量是容积的1/3）
日照：全日照
施肥：补充颗粒缓释花肥一次
颜色：★★★★★（大部分的多肉都达到最美丽的状态）

　　大雪节气后，温度由冷凉转为冷了，降水的可能性更低，空气更干燥。建议在天气晴朗的上午或室内气温高于10℃时浇水，这个气温对北方的花友来说很容易，南方的花友一定要在天气好的上午少量给水。黄河以北地区室内有暖气，比较干燥，建议用加湿器人为增加湿度，对多肉会更好。冬至后开始"数九"，极度寒冷即将开始，要注意给植物保温，尽量不要靠近玻璃窗。

浇水量：花土基本湿润（不带底孔的花器浇水量是容积的1/3）

日照：全日照

施肥：无需施肥（黄河以南地区可以添加颗粒花肥）

颜色：★★★★（美丽慢慢褪去，但依然好看）

　　小寒节气后，天气寒冷，夜间必须关窗，否则多肉被冻死很可能只是一个晚上的事。浇水建议晴朗的上午稍稍淋一下就好，叶片不要积水。如果条件允许，可在晴朗时开窗通风，这对多肉很重要。

　　浇水量：花土基本湿润（带底孔的花器无需底孔流出水，只要稍稍淋一遍就好；不带底孔的浇至容积的1/4）
　　日照：全日照（能晒多久就尽力晒多久）
　　施肥：无需施肥
　　颜色：★★★（不是最漂亮的季节，但总体还算可以）

相关问题Q&A

Q：为何要按二十四节气来养多肉？

A：中国地域辽阔，南北方气候大不相同。阿呆在北京、湖南、贵州养过多年植物，意外发现，根据24节气的时间变化来栽培多肉，在南北方都适用。二十四节气是古人智慧的结晶，不但反映了气候的变化，也很符合植物养植规律。按这个规律养多肉，对于新手来说也更易掌握。

Q：是不是所有的多肉都可以按这个执行？

A：建议参考当地的温度及湿度，不能完全盲目照搬。南北方建议考虑当地气候特点及季节性综合决定。实际更多的是您个人的体感，植物和人一样：当我们觉得冷的时候，它们也觉得冷，所以应该选择气温相对较高的晴朗上午给水，要不容易冻伤；我们觉得闷热的时候，它们也会觉得闷热，所以夏天选择夜间气温降下来以后或是清晨少量给水。

Q：为何使用的都是颗粒花肥而不是液态花肥？

A：根据我个人的栽培体会，颗粒花肥相对能长时间均匀地发挥作用，不会导致植物迅速地长大而状态不好。

Q：为何浇水时间是一个时间段，如1~2周或2~3周，而不是具体的10天或12天？

A：浇水间隔时间的长短不能一概而论，要考虑多种成因。如花土的成分是保水的还是颗粒质易排水的；花盆是否有底孔，底孔大不大，是否利于多余水分的排出；最近两天是否有雨；气温过高还是过低……要将这些综合因素都考虑进去，以此判定浇水的时间。严格限定浇水时间并不科学，应根据具体情况而定。

Q：如何判定日照太强，植物需要转移？

A：我是根据自己的体感判定的。当你感觉日照很强已经不舒服时，植物就需要转移到日照相对弱的位置了。虽说每个人的感受略有不同，但有句话说得好：谁养的花像谁。

Part2
多肉养护图鉴

本章介绍的多肉植物都是我个人非常喜欢，且亲自养植过的。大多数都是常见品种，还有一部分不常见、在国外网站能见到、让人心痒痒的新品种。

养植方法仅代表阿呆个人多年来的经验总结，供花友们参考。形式如下：

难易度

分为三类：1.超级容易；2.容易；3.简单了解习性后再养。由易到难。

养植难易度其实是我个人的感受，对我来说难，也许于你则不难。在我看来，这也是人和植物的一种缘分。

日照

也分为三类：1.喜欢日照，酷夏需遮阳；2.避开暴晒，夏季需遮阳；3.不要太晒，夏季必须遮阳，日照强度高的春秋季也需遮阳。按植物喜欢日照的程度由强到弱递减。

室内则以阳台朝向来区别日照强度，如朝南、朝西、朝东等。若是没有特别正的朝向，那就用你的体感。人们喜欢冬日里温暖的阳光，植物也一样；夏季人们害怕炙热，植物也希望有一片阴凉。

注意：新栽的多肉建议放在无直射日照的地方缓和3~5天，然后慢慢由弱至强转移至适合的日照环境，这个过程需10~15天。

浇水

分为：10天左右一次、15天左右一次、20天左右一次。

本文说的浇水间隔是以生长季为准的，没有考虑当地气候及其他的人为因素。花友实际操作时，可根据自己的情况综合考虑。注意：夏季或冬季的浇水，以花土基本湿润就好，不必非得底孔流水。

常见繁殖方法

仅代表阿呆个人的习惯用法，并不是除了介绍的这些方法外就没有其他方法了。

多肉名词解释

　　这是根据我个人的理解，以口语化的方式来解释多肉常用名词术语，希望能帮助花友简单了解这些常见词的含义。

多肉植物：不单指某个科或某个属的植物，是多汁多浆类植物的统称。

形态变异：原本是四个角的植物，变成六个角；原本是花状生长的植物，变成片状生长等。

红叶姬

红叶姬六角变异

黄体：植物整株呈黄色，非植物本身应有的绿色或其他颜色。

玉露

玉露黄体

白锦：植物表面出现其他白色的条纹或者斑块。

熊童子

熊童子白锦

黄锦：植物表面出现其他颜色的条纹或者斑块。

熊童子黄锦

缀化：原本围绕一个中心点生长的植物，因变异出现多个生长点，且生长点排列呈条状或片状，称为缀化。

蓝石莲　　　　　　　　　　　　　　　　　蓝石莲缀化

休眠：植物停止生长，进入蛰伏期。如番杏科植物的蜕皮及干壳，鳞茎及块根类茎叶的枯萎等。

景天科 *Crassulaceae*

景天科大约有35个属1500余种植物，颜色鲜艳、种类繁多且相对易成活。景天科是初级花友掌上花园的首选植物，也是各类组合盆栽及新式多肉插花的首选植物。在相对温差大且阳光充足的环境下，颜色鲜艳，生长速度快。在生长季喜温暖、湿润、通风好的环境，气温在12℃~28℃时生长最为迅速。大部分景天科植物都不推荐让其开花，因为开花会消耗非常多的营养。

栽培要点碎碎念

生长季：充足的光照，充分地浇水，保持根部花土微润，切不可积水。新手可见干见湿地浇水，即花土干透后才可以浇水，不能没事就给水。给水的时候花土基本湿润就好，注意不要太多。在湿度低的季节可在植物周围喷水。

休眠季：注意遮阳并及时减少浇水或断水。如室内温度冬天不低于10℃、夏季不高于38℃，绝大多数植物无明显的休眠状态。

昼夜温差大的季节：让植物充分接受日照，充分的光照和自然的温差会使植物的颜色越加鲜艳。

换盆：2~3年换盆一次，换盆时简单清理下交错的老根。

转盆：植物都有明显的向光性，建议经常转动花盆以保证植株品相的美观及颜色的均匀。

八千代

科属：景天科景天属

叶片的更新速度极快，新生叶片3~4周后就会代谢掉，变黄脱落，新叶及时补充，比较容易滋生侧芽。名字就是取其更新的速度，对于绝大多数新手来说，看着其叶片更新的速度会不适应，其实这是植物的正常代谢。

难易程度：非常容易。

日照建议：喜欢日照，酷夏需遮阳。

生长季给水：15天左右一次。

常见繁殖方法：剪枝（砍头）。

虹之玉

别名：玉米粒、松子玉
科属：景天科景天属

大部分季节叶片呈绿色，叶尖略带红色。但深秋季节叶片会转变成鲜红或紫红色，叶尖像抹了油一样带点透亮。叶片极易脱落，脱落的叶片可以叶插长成新的植株。虹之玉相对容易成活，但养出好的状态比较难。它是景天科里比较耐寒及耐晒的品种，建议保持良好的日照及通风环境，这样才能减少叶片的脱落。

难易程度：非常容易。
日照建议：喜欢日照，酷夏需遮阳。
生长季给水：20天左右一次。
常见繁殖方法：剪枝（砍头），叶插。

虹之玉锦

科属：景天科景天属

　　虹之玉锦是虹之玉的变异品，外形和虹之玉相似，通过颜色区分，虹之玉锦带条纹。春秋季，银色的条纹会转变为粉红色，养到极好的状态时通体粉红。

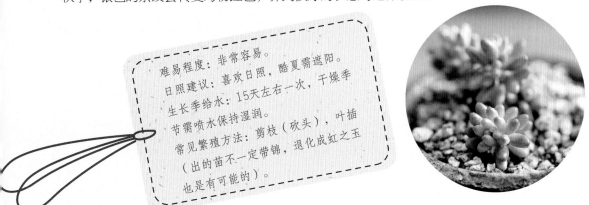

难易程度：非常容易。

日照建议：喜欢日照，酷夏需遮阳。

生长季给水：15天左右一次，干燥季节需喷水保持湿润。

常见繁殖方法：剪枝（砍头），叶插（出的苗不一定带锦，退化成虹之玉也是有可能的）。

静夜

别名：敬业

科属：景天科石莲花属

静夜本身就很漂亮，在温差大及日照适宜的季节，每个叶尖都呈红色，是非常标准的美丽莲花。喜欢相对通风好的环境，尤其是夏季，一定要注意通风。

难易程度：非常容易。

日照建议：喜欢日照，酷夏需遮阳。

生长季给水：15天左右一次。

常见繁殖方法：剪枝（砍头），叶插。

静夜缀

别名：莲花玉坠、玉串缀
科属：景天科石莲花属与佛甲草属的杂交

叶子呈莲花状生长，表面带有淡淡的白霜。常年没有太大的变化，在极好的温差及日照下能呈现乳黄色，叶尖略带红色。随着时间的推移会长成垂吊状。

难易程度：非常容易。
日照建议：喜欢日照，酷夏需遮阳。
生长季给水：15天左右一次。
常见繁殖方法：剪枝（砍头），叶插
（出苗后根据当地气候2~5天喷水一次，保持花土微润）。

玉珠帘

别名：新玉坠、串珠草
科属：景天科景天属

　　叶子表面带有淡淡的白霜，小珠子像一
个个淡绿色的小豆豆。非常萌的一款肉肉，
是很多肉友必养的一个品种。

难易程度：非常容易。

日照建议：喜欢日照，酷夏需遮阳。

生长季给水：10天左右一次。

常见繁殖方法：剪枝（砍头），叶插
（出苗后根据当地气候2~5天喷水一
次，保持花土微润）。

千佛手

别名：王玉坠
科属：景天科景天属

乍一看就像放大版的玉坠，其颜色和性状与玉坠也很像。春秋叶尖也能带淡淡的红色。

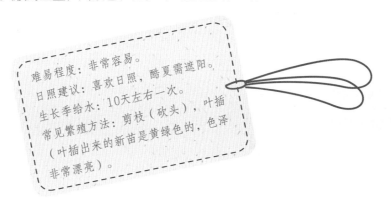

难易程度：非常容易。
日照建议：喜欢日照，酷夏需遮阳。
生长季给水：10天左右一次。
常见繁殖方法：剪枝（砍头），叶插
（叶插出来的新苗是黄绿色的，色泽
非常漂亮）。

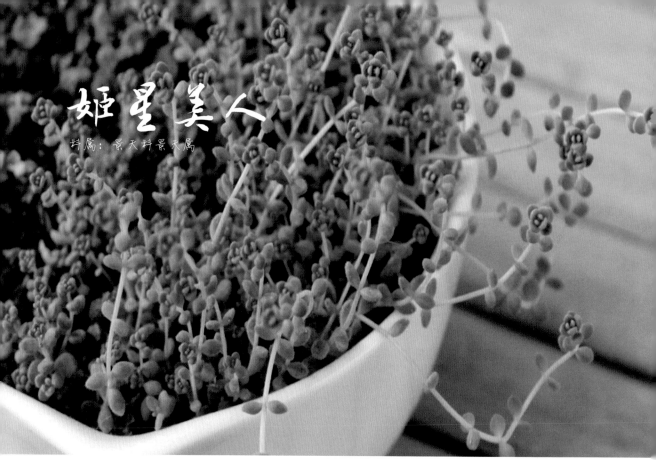

姬星美人

科属：景天科景天属

极迷你的品种，叶面带毛毛，大部分时间枝条的顶端都是毛茸茸的小花球的样子。春秋季阳光及温差适宜时，叶片也会呈红色。

难易程度：非常容易。

日照建议：喜欢日照，酷夏需遮阳。

生长季给水：10天左右一次，在干燥季节需及时喷水。

常见繁殖方法：剪枝（砍头）。

大型姬星美人

科属：景天科景天属

外形和姬星美人很像，比较后会发现，大型姬星美人叶片要大一些，且叶子表面带有水晶一样的水点，用放大镜或者高倍显微镜拍下就可以发现其美丽，在温差大及日照好的情况下能长成乳黄色或紫红色。

大型姬星美人（大植株）与
姬星美人（小植株）的比较

难易程度：非常容易。
日照建议：喜欢日照，酷夏需遮阳。
生长季给水：15天左右一次。
常见繁殖方法：剪枝（砍头）。

铭月

科属：景天科景天属

外形和黄丽极像，仔细观察会发现，铭月的叶片更薄且光亮。属于比较容易徒长的品种，一定要强晒且少浇水。叶片强晒后表面会出现红点一样的疤痕，这些红点到了大温差的季节可以衬托得其更加美丽。

难易程度：非常容易。

日照建议：喜欢日照，酷夏需遮阳。

生长季给水：15天左右一次。

常见繁殖方法：剪枝（砍头），叶插（虽然出苗极慢，但是值得期待，因为新的叶插苗确实很美丽）。

珊瑚珠

别名：锦珠、玉叶
科属：景天科景天属

珊瑚珠肉肉的叶片很有弹性，且表面附着
一层密密的茸毛，用手轻轻挤压超有肉感哦！
喜欢晒的环境。夏季非常容易徒长，秋天随着
叶片的饱满会感觉徒长的茎秆又缩回去一样。
所以就算是徒长，夏季也不要冒然砍头。

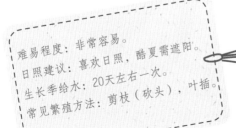

难易程度：非常容易。
日照建议：喜欢日照，酷夏需遮阳。
生长季给水：20天左右一次。
常见繁殖方法：剪枝（砍头），叶插。

乙姬牡丹

别名：凝脂莲
科属：景天科景天属

强晒后会有淡淡的香味。温差大的季节，叶片带有淡淡的乳黄色。极容易群生，喜欢群生的花友慢慢养一株，时间会赋予它美丽。

难易程度：非常容易。
日照建议：喜欢日照，酷夏需遮阳。
生长季给水：20天左右一次。
常见繁殖方法：剪枝（砍头）。

球松

别名：小绿松
科属：景天科景天属

　　球松因为外型非常像松树而得名。对于新手来说，这个植物不是很好把握，因为夏季休眠期间叶片几乎全部干瘪，只有一点绿色叶片被干黄的叶片包裹在顶端，不了解的花友会以为其已经死亡。一定不要丢弃，立秋后浇水2~3次就会慢慢恢复生机。

难易程度：容易。

日照建议：喜欢日照，夏季需遮阳。

生长季给水：15天左右一次。

常见繁殖方法：剪枝（砍头）。

薄毛万年草

别名：春之奇迹
科属：景天科景天属

它的学名是薄毛万年草，但阿呆更喜欢叫它的别名：春之奇迹。因为在我看来，这个植物真的像春天的奇迹一样，美得不可方物啊！

难易程度：非常容易。
日照建议：喜欢日照，酷夏需遮阳。
生长季给水：20天左右一次。
常见繁殖方法：剪枝（砍头），叶插。

塔洛克

科属：景天科景天属

　　塔洛克叶片正面是绿色，背面红色，有点毛茸茸的感觉。夏天会带点半透明的果冻色，很招人喜欢，尤其是养成老桩群生后。气温稍稍凉爽时进入生长季，颜色会有点泛绿。

难易程度：非常容易。
日照建议：喜欢日照，酷夏需遮阳。
生长季给水：20天左右一次。
常见繁殖方法：剪枝（砍头）。

天使之霖

科属：景天科景天属

天使之霖最漂亮的就属老桩了，不是很粗壮的顶端支着一个肉嘟嘟的花头。尽力加大温差及日照，颜色可以更加嫩绿哦！

难易程度：非常容易。
日照建议：喜欢日照，酷夏需遮阳。
生长季给水：20天左右一次。
常见繁殖方法：剪枝（砍头），叶插。

黄丽

科属：景天科景天属

全年呈黄绿色，叶尖黄色。在春秋季适宜的日照及温差下可转变成亮黄色，几乎不见绿色。如果日照非常好，则为橘红色。属于生长相对迅速的品种。

难易程度：非常容易。
日照建议：喜欢日照，酷夏需遮阳。
生长季给水：15天左右一次。
常见繁殖方法：剪枝（砍头）。

火祭

别名：火炬
科属：景天科青锁龙属

火祭最漂亮的季节是春秋，在大温差及日照适宜的情况下可以转变为全红，从侧面看就像一团火焰！夏季非常容易徒长，建议此时极少浇水，避免徒长。

难易程度：非常容易。
日照建议：喜欢日照，酷夏需遮阳
生长季给水：15天左右一次。
常见繁殖方法：剪枝（砍头）。

串钱

别名：钱串子、钱串
科属：景天科青锁龙属，串钱系列

因叶片看上去就像是铜钱串连在一起，对于喜欢招财等物语的花友来说，这个是大爱。温差大及日照适宜的季节，叶缘呈红色。串钱可以开花，是一束白色的花序，直径约2厘米，由几十个小花组成。

难易程度：非常容易。

日照建议：喜欢日照，夏季需遮阳。

生长季给水：10天左右一次。

常见繁殖方法：剪枝（砍头）。

星乙女

科属：景天科青锁龙属，串钱系列

星乙女是青锁龙属串钱系列里少数株高可达50厘米以上的。夏季38℃以上适当断水，只需15天左右夜间微量给水一次。秋季会更加漂亮。

难易程度：非常容易。

日照建议：喜欢日照，夏季需遮阳。

生长季给水：10天左右一次。

常见繁殖方法：剪枝（砍头）。

绒针

科属：景天科青锁龙属

　　超级容易养活的多肉，可以很快适应养花人的脾气，每个人都能养出感觉来。喜欢浇水的花友可以养出翠绿带白色的毛毛，喜欢干养的花友可以养出淡淡的红色叶尖。

难易程度：非常容易。
日照建议：喜欢日照，夏季需遮阳。
生长季给水：15天左右一次。
常见繁殖方法：剪枝（砍头）。

银狐之尾

科属：景天科青锁龙属

　　乍一看和绒针非常像，实际这两种多肉是近亲，银狐之尾是绒针的变异。栽培方法和绒针一样。

难易程度：非常容易。
日照建议：喜欢日照，夏季需遮阳。
生长季给水：15天左右一次。
常见繁殖方法：剪枝（砍头）。

纪之川

科属：景天科青锁龙属

　　厚厚的肉叶表面覆盖白色的茸毛。它不是很喜欢晒，日照强烈时，叶缘会出现红色。喜欢相对潮润的环境，在冬季干燥的季节需喷水保持湿度。

难易程度：非常容易。

日照建议：喜欢日照，夏季需遮阳。

生长季给水：15天左右一次。

常见繁殖方法：剪枝（砍头）。

神刀

科属：景天科青锁龙属

神刀一年四季基本没有变化，但是入秋后开的花绝对是惊喜！在茎杆的顶端顶着一束像扎好的小花，相当美丽！

难易程度：非常容易。

日照建议：喜欢日照，夏季需遮阳。

生长季给水：15天左右一次。

常见繁殖方法：剪枝（砍头），叶插。

吕千绘

科属：景天科青锁龙属

全年没有变化，对生的叶片像蝴蝶。春天开花时就像新娘捧花，红色的花儿呈一小束，绝对美丽！比较容易群生，群生后可以分株，也可以让它继续生长并期待下一个花季。

群生

难易程度：非常容易。

日照建议：喜欢日照，夏季需遮阳。

生长季给水：15天左右一次。

常见繁殖方法：剪枝（砍头），叶插，分株。

大卫

科属：景天科青锁龙属

大卫的叶沿有一圈白色的毛毛，就像眼睫毛。春秋季外围也能变成红色或橘色相间，喜欢迷你型且能变色的多肉的花友，阿呆超级推荐这款哦！

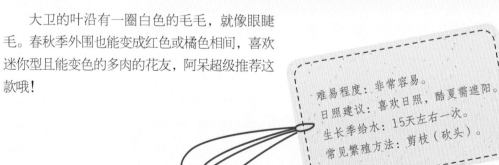

难易程度：非常容易。
日照建议：喜欢日照，酷夏需遮阳。
生长季给水：15天左右一次。
常见繁殖方法：剪枝（砍头）。

茜之塔

别名：千层塔、紫塔
科属：景天科青锁龙属

极易徒长的品种。要想保持品相，除超好的日照外，还需要严格控水，这样才能保持完好的塔状，要不就是标准的小草狂舞了。

难易程度：非常容易。
日照建议：喜欢日照，酷夏需遮阳。
生长季给水：15天左右一次。
常见繁殖方法：剪枝（砍头）。

丛珊瑚

科属：景天科青锁龙属

丛珊瑚是神刀与漂流岛的杂交种，这个品种兼具父本和母本的特性，不但开花漂亮，外形也很Q，不像神刀那么超大，也不像漂流岛那样迷你。喜欢老桩的花友，阿呆推荐将它砍头，砍头后一旦群生会非常漂亮。

难易程度：非常容易。
日照建议：喜欢日照，夏季需遮阳。
生长季给水：15天左右一次。
常见繁殖方法：剪枝（砍头），叶插。

漂流岛

别名：苏珊乃
科属：景天科青锁龙属

秋冬季节开花，花后即开始出侧芽，比较容易群生。属于极迷你的多肉，成株约2厘米左右。夏季无明显的休眠，高于35℃时要减少浇水，否则很容易变黑烂掉。

难易程度：非常容易。
日照建议：不要太晒，夏季必须遮阳，日照强度高的春秋季也需遮阳。
生长季给水：15天左右一次。
常见繁殖方法：剪枝（砍头）。

若歌诗

科属：景天科青锁龙属

若歌诗看似很柔弱的品种，实际上若是给予足够的时间，一定会带给你惊艳！阿呆建议少浇水，持续晒，养出的老桩会有值得期待的美。

难易程度：非常容易。
日照建议：喜欢日照，酷夏需遮阳。
生长季给水：20天左右一次。
常见繁殖方法：剪枝（砍头），叶插。

红稚儿

别名：沁变

科属：景天科青锁龙属

　　红稚儿一年有三个季节都是绿色的，自然状态下春天会是红色。在家养植可通过减少浇水及增加日照来改变颜色，秋天能出现红色的叶边。

难易程度：非常容易。

日照建议：喜欢日照，酷夏需遮阳。

生长季给水：20天左右一次。

常见繁殖方法：剪枝（砍头）。

新花月锦

科属：景天科青锁龙属

新花月锦要保持非常漂亮的颜色，主要是通过日照及给肥。正常情况下，建议3个月左右施加一次缓释花肥。除刚移植不能晒外，其他时间都可以晒。

难易程度：非常容易。

日照建议：喜欢日照，酷夏需遮阳。

生长季给水：15天左右一次。

常见繁殖方法：剪枝（砍头），叶插（叶插出来的不一定带锦）。

筒叶花月

别名：吸财树
科属：景天科青锁龙属

　　筒叶花月夜相对喜欢水。春秋季适时多给点阳光，颜色更鲜艳，呈红色的叶边，叶心略透明。

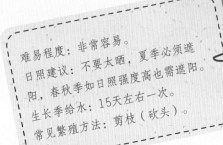

难易程度：非常容易。
日照建议：不要太晒，夏季必须遮阳，春秋季如日照强度高也需遮阳。
生长季给水：15天左右一次。
常见繁殖方法：剪枝（砍头）。

象牙塔

科属：景天科青锁龙属

　　象牙塔在太强烈日照下叶片薄且抱紧，叶沿会出现黄色。喜欢饱满植株的花友，推荐养在朝东的阳台，这样叶的正面会更加亮绿。

难易程度：非常容易。
日照建议：喜欢日照，夏季需遮阳。
生长季给水：15天左右一次。
常见繁殖方法：剪枝（砍头）。

花椿

科属：景天科青锁龙属

极容易群生的品种，哪怕是一个单头，最终也能成为漂亮的群生。控水后会呈现包裹状，建议养植时见干见湿，不要长时间不浇水，否则就成杆状而不是花状了。

难易程度：非常容易。
日照建议：不要太晒，夏季必须遮阳，春秋季日照强度高时也需遮阳。
生长季给水：15天左右一次。
常见繁殖方法：剪枝（砍头）。

火星兔子

科属：景天科青锁龙属

乍一看感觉很奇特！喜欢摄影的朋友建议拍下照片和花友分享，会发现它不一样的美丽和精彩！

难易程度：非常容易。
日照建议：喜欢日照，夏季需遮阳。
生长季给水：15天左右一次。
常见繁殖方法：剪枝（砍头）。

初恋

别名：红粉石莲
科属：景天科石莲花属

    初恋对很多人来说是美好或美丽的，名叫"初恋"的多肉也一样。强晒或温差较大的时候，叶片表面非常粉并且带有红色的纹理，非常美丽！我想也许这就是"初恋"名字的来源吧。

难易程度：非常容易。

日照建议：喜欢日照，夏季需遮阳。

生长季给水：15天左右一次。

常见繁殖方法：剪枝（砍头），叶插。

吉娃莲

别名：杨贵妃
科属：景天科石莲花属

    吉娃莲比较喜欢干燥的环境，若相对潮润，颜色就偏灰绿。养植时干一些，叶尖泛红，总体偏白，叶子短肥，看上去非常贵气。

难易程度：非常容易。

日照建议：喜欢日照，酷夏需遮阳。

生长季给水：15天左右一次。

常见繁殖方法：剪枝（砍头），叶插。

紫珍珠

别名：纽伦堡珍珠
科属：景天科石莲花属

全株紫色，喜欢相对干燥的环境，控水效果好时，叶片短肥，色泽是鲜艳的紫色。叶插非常容易出苗，掉下的健康叶子几乎都能叶插成功，且叶插株非常漂亮。不过阿呆更喜欢养老桩，时间会赋予植物更多的美丽。

难易程度：非常容易。
日照建议：喜欢日照，酷夏需遮阳。
生长季给水：15天左右一次。
常见繁殖方法：剪枝（砍头），叶插。

小兰衣

别名：小蓝衣
科属：景天科石莲花属

很多花圃在繁殖小兰衣时都是给相对少的阳光，加快其生长，导致叶片较长、株型散。可以通过慢慢减少浇水、增加日照来养出日系的丸叶感（叶片短肥且颜色饱满的状态）。蓝色叶片也能通过充足的日照在叶尖处出现红晕。

难易程度：非常容易。
日照建议：喜欢日照，酷夏需遮阳。
生长季给水：15天左右一次。
常见繁殖方法：剪枝（砍头），叶插。

TP

别名：芙蓉莲
科属：景天科石莲花属

    TP是静夜和吉娃莲的杂交，芙蓉莲是阿呆取的名字。这也是我喜欢小苗更多的植物之一，在我看来，TP的小苗比成株更有那种贵气和美感。

难易程度：非常容易。
日照建议：喜欢日照，酷夏需遮阳。
生长季给水：15天左右一次。
常见繁殖方法：剪枝（砍头），叶插。

霜之朝

科属：景天科石莲花属

霜之朝最重要的看点就是厚实的白霜，叶片随着大温差及充足的阳光会出现红色，在白霜的覆盖下就像羞涩的少女。阿呆强烈推荐养老桩，不管是新出的小芽还是长成成株都很漂亮！

难易程度：非常容易。
日照建议：喜欢日照，酷夏需遮阳。
生长季给水：15天左右一次。
常见繁殖方法：剪枝（砍头），叶插。

七福神

别名：七福美尼神
科属：景天科石莲花属

　　七福神是石莲花属中比较容易群生的品种，春秋季加强日照可以呈现背面通红、表面带红晕的状态。不要把刚刚种好的七福神马上暴晒，那样很容易晒伤。

难易程度：非常容易。
日照建议：喜欢日照，夏季需遮阳。
生长季给水：15天左右一次。
常见繁殖方法：剪枝（砍头）。

七福神变异

别名：千羽鹤

带有清丽气质的石莲花，建议少浇水，这样表面的白霜会比较厚实，浇水后表面挂住一点水滴超级美。

难易程度：非常容易。
日照建议：喜欢日照，酷夏需遮阳。
生长季给水：15天左右一次。
常见繁殖方法：剪枝（砍头）。

千羽鹤缀化

千羽鹤的缀化需要时间的养护，时间会让缀化的根部慢慢木质化，未木质化的地方更加厚实。总体看上去就像天鹅的翅膀轻轻展开飞舞。

难易程度：非常容易。
日照建议：喜欢日照，酷夏需遮阳。
生长季给水：15天左右一次。
常见繁殖方法：剪枝（砍头）。

丽娜莲

别名：丽娜希娜
科属：景天科石莲花属

可以晒成粉色偏紫的颜色，用于多肉组合盆栽是非常抢眼的品种。要保持良好的株型，除很好的日照外，还需要大温差。若是少浇水，夏天的颜色也会很美丽。

难易程度：非常容易。
日照建议：喜欢日照，酷夏需遮阳。
生长季给水：15天左右一次。
常见繁殖方法：剪枝（砍头），叶插。

女王花笠

别名：高砂之翁

科属：景天科石莲花属

　　本身是大型种，非常霸气，一株就可以成为一个非常漂亮的盆栽。非常喜欢日照，且相对抗低温。每年开春气温超过5℃即可移至室外。颜色在春秋时最美。四季无明显休眠状态。

难易程度：非常容易。

日照建议：喜欢日照，酷夏需遮阳。

生长季给水：20天左右一次。

常见繁殖方法：剪枝（砍头）。

女王花笠缀化

　　看到它即刻就能想到香山的红叶，层林尽染。颜色随季节而变化，但不会改变那丰富的造型。

难易程度：非常容易。

日照建议：喜欢日照，酷夏需遮阳。

生长季给水：20天左右一次。

常见繁殖方法：剪枝（砍头）。

锦丝

科属：景天科石莲花属

锦丝的手感超级好，是很多花友喜欢触摸的品种。每年阿呆都会养很多老桩，一到秋天，每株老桩都像一盆漂亮的中国盆景，那种优雅的姿态及色泽是每个花友都想拥有的。

难易程度：非常容易。

日照建议：喜欢日照，酷夏需遮阳。

生长季给水：20天左右一次。

常见繁殖方法：剪枝（砍头）。

锦晃星

别名：鹿茸掌
科属：景天科石莲花属

锦晃星经常被花友误认为是锦丝，需要仔细辨认一下。锦晃星叶片相对肥厚，呈椭圆形，而锦丝的叶子呈柳叶形。在颜色方面，锦晃星比锦丝更加丰富，除红色、绿色外，还会泛出橘色及黄色。夏天容易掉叶，不用着急处理，这属于正常现象。建议每年秋天换盆换土，更利于植物的生长。

难易程度：非常容易。
日照建议：喜欢日照，酷夏需遮阳。
生长季给水：20天左右一次。
常见繁殖方法：剪枝（砍头）。

锦司晃

别名：银毛冠

科属：景天科石莲花属

　　建议少浇水，适当多晒晒，这样叶片表面的毛才会密实，就像密布绒毛的兔耳朵一样。大温差时叶尖也能呈现红色。对喜欢浇水的花友，阿呆推荐用颗粒花土，可减少水在花土里的停留，这样也会呈现很漂亮的颜色及状态。

难易程度：非常容易。

日照建议：喜欢日照，酷夏需遮阳。

生长季给水：20天左右一次。

常见繁殖方法：剪枝（砍头）。

锦司晃缀化

　　缀化的锦司晃给人一花一世界的美感。单独的枝头也有还在缀化的排列，叶片更加短肥，怎一个"萌"字了得！

难易程度：非常容易。

日照建议：喜欢日照，酷夏需遮阳。

生长季给水：20天左右一次。

常见繁殖方法：剪枝（砍头）。

红辉焰

别名：红辉炎
科属：景天科石莲花属

红辉焰比较容易徒长，建议多晒太阳。叶子很容易代谢并长出新叶，记得及时清理代谢下来的干叶。长期保持通风，颜色会更好。

难易程度：非常容易。
日照建议：喜欢日照，酷夏需遮阳。
生长季给水：20天左右一次。
常见繁殖方法：剪枝（砍头）。

粉红台阁

别名：红粉莲

科属：景天科石莲花属

粉红台阁最漂亮的季节在春季，尤其是冬季在室温不太高的情况下养植后，春天会更加漂亮。其叶片会比气温相对高（室内有暖气）的环境下养植得更加短肥，颜色更红。

难易程度：非常容易。

日照建议：喜欢日照，酷夏需遮阳。

生长季给水：20天左右一次。

常见繁殖方法：剪枝（砍头）。

女雏

科属：景天科石莲花属

女雏喜欢晒，是极容易群生的品种。非常推荐养成老桩，正常情况下，1~2年就可以养成很漂亮的老桩或者群生状态。

难易程度：非常容易。
日照建议：喜欢日照，酷夏需遮阳。
生长季给水：15天左右一次。
常见繁殖方法：剪枝（砍头），叶插。

紫罗兰女王

科属：景天科石莲花属

紫罗兰女王最漂亮的季节，是刚过完冬天而春天刚刚开始时，看上去就像一个漂亮的花蕊。夏天的颜色就不如秋天了，但依然美丽，像是褪去华服的少妇，淡雅而端庄。

难易程度：非常容易。
日照建议：喜欢日照，酷夏需遮阳。
生长季给水：20天左右一次。
常见繁殖方法：剪枝（砍头），叶插。

花月夜

科属：景天科石莲花属

花月夜和女雏很像，但叶片较宽，表面的白粉更加厚实。若有机会在室外露养，适当多给水，颜色可以更加玉润。但夏季一定不能多给水。

难易程度：非常容易。

日照建议：喜欢日照，酷夏需遮阳。

生长季给水：15天左右一次。

常见繁殖方法：剪枝（砍头），叶插。

红化妆

科属：景天科石莲花属

　　易群生且易长成老桩，正常的单头株2~3年就可以长成很漂亮的老桩。不喜欢太晒，若控水好一些，叶片短肥，绿色透亮，边缘是红色的。

难易程度：非常容易。

日照建议：喜欢日照，夏季需遮阳。

生长季给水：15天左右一次。

常见繁殖方法：剪枝（砍头），叶插。

旭鹤

科属：景天科拟石莲属

旭鹤是一种超级神奇的多肉，每个季节的状态都非常有特点，每种美都值得我们期待。
建议严格控水，并加大温差，颜色是亮粉亮粉的。

难易程度：非常容易。
日照建议：喜欢日照，酷夏需遮阳。
生长季给水：25天左右一次。
常见繁殖方法：剪枝（砍头），叶插。

姬秋丽

科属：景天科拟石莲属

姬秋丽属于迷你型多肉，每出现一个侧芽就会慢慢长成一个肉肉的小粉"花"。它是很多花友期待和喜爱的品种。

难易程度：非常容易。
日照建议：喜欢日照，酷夏需遮阳。
生长季给水：20天左右一次。
常见繁殖方法：剪枝（砍头），叶插。

白牡丹

科属：景天科拟石莲属

厚实的叶片带淡淡的白霜，稍加控水后，叶表的粉色非常诱人。叶插极容易成功，几乎都能成活并长出小苗。

难易程度：非常容易。
日照建议：喜欢日照，酷夏需遮阳。
生长季给水：25天左右一次。
常见繁殖方法：剪枝（砍头），叶插。

露娜莲

科属：景天科石莲花属

花如其名，养到极好的状态时，粉色的叶片就像露珠一样鼓起，是相当完美的石莲花。

难易程度：非常容易。
日照建议：喜欢日照，酷夏需遮阳。
生长季给水：20天左右一次。
常见繁殖方法：剪枝（砍头），叶插。

白凤

科属：景天科石莲花属

白凤喜欢日照，当日照充足及温差大的时候，叶片呈橘红色带透亮感。其本身是大型种，可以长得很大，建议用大一些的花盆，待其慢慢长大后砍头，出侧芽，长成群生，很美丽。

难易程度：非常容易。
日照建议：喜欢日照，酷夏需遮阳。
生长季给水：20天左右一次。
常见繁殖方法：剪枝（砍头）。

蓝石莲

别名：皮氏石莲花
科属：景天科石莲花属

　　皮氏石莲花系列的叶片都比较轻薄，超薄的叶片表面覆盖白色的霜，颜色会随着季节而转变。阿呆最喜欢春天的颜色，粉红中透着蓝。

难易程度：非常容易。
日照建议：喜欢日照，酷夏需遮阳。
生长季给水：15天左右一次。
常见繁殖方法：剪枝（砍头），
叶插。

蓝石莲缀化

　　蓝石莲缀化就像一个色带，又像羽翼，很别致。需要注意的是，及时清理腐败的叶片，以保持它的优雅。

难易程度：非常容易。
日照建议：喜欢日照，酷夏需遮阳。
生长季给水：15天左右一次。
常见繁殖方法：剪枝（砍头）。

蓝色天使

科属：景天科拟石莲属

　　蓝色天使最漂亮的季节是夏季，几乎可以全日照，但是当温度高于38℃时还是要适当遮阳，要不有可能被晒伤。霜很厚实，叶尖会泛黄。

难易程度：非常容易。
日照建议：喜欢日照，酷夏需遮阳。
生长季给水：15天左右一次。
常见繁殖方法：剪枝（砍头）。

姬胧月

科属：景天科拟石莲属

干养的姬胧月一年四季都能见到漂亮的粉色，春秋时颜色会加深至红色。这是阿呆非常推荐叶插的品种，出来的小苗不但颜色漂亮，株型也很美丽。

难易程度：非常容易。
日照建议：喜欢日照，酷夏需遮阳。
生长季给水：20天左右一次。
常见繁殖方法：剪枝（砍头），叶插。

胧月

科属：景天科拟石莲属

胧月比姬胧月叶片长，且大很多，颜色更加粉嫩，不那么红，春秋季是标准的全粉。

难易程度：非常容易。

日照建议：喜欢日照，酷夏需遮阳。

生长季给水：20天左右一次。

常见繁殖方法：剪枝（砍头），叶插。

紫葡萄

别名：红葡萄

科属：景天科拟石莲属

紫葡萄除夏季因为空气湿度大颜色偏绿或者为白色外，其他季节都是粉红相间的。很容易叶插出苗，长成成株则需要较长的时间。

难易程度：非常容易。

日照建议：喜欢日照，夏季需遮阳。

生长季给水：15天左右一次。

常见繁殖方法：剪枝（砍头），叶插。

小人祭

别名：日本小松、小人之祭
科属：景天科莲花掌属

　　小人祭最漂亮的季节是开春，鼓鼓的叶片表面是橘色带深红色的条纹，其他季节基本都是绿色的，带着深色的条纹。因为生长相对迅速，喜欢组合或是老桩的花友很容易养出时间感。

难易程度：非常容易。
日照建议：喜欢日照，夏季需遮阳。
生长季给水：15天左右一次。
常见繁殖方法：剪枝（砍头）。

黑法师

科属：景天科莲花掌属

　　黑法师叶片是黑紫色，叶心呈紫红色，叶片较薄、柔软。夏季酷热时全株休眠，超过38℃叶片有可能全部掉光。

难易程度：容易。

日照建议：喜欢日照，酷夏需遮阳。

生长季给水：15天左右一次。

常见繁殖方法：剪枝（砍头）。

艳日辉

别名：夕映群生、清盛锦
科属：景天科莲花掌属

艳日辉要养得漂亮其实有点难，它相对喜欢湿润的环境，但又不能大量浇水。条件允许的话，可以在边上放一些水，颜色会更漂亮。家庭环境要是阳光不好，可以少浇水，使之呈现暗红色的边，也很漂亮。

难易程度：容易。
日照建议：喜欢日照，酷夏需遮阳。
生长季给水：20天左右一次。
常见繁殖方法：剪枝（砍头）。

千代田之松

科属：景天科厚叶草属

对于千代田之松，绝大多数花友养着养着叶片就变长了，颜色也变成绿色泛白了。这主要是日照不足，水浇多了。建议3周左右浇一次水，放在室内朝南阳台，颜色可以变成偏暗粉色。

难易程度：非常容易。
日照建议：喜欢日照，酷夏需遮阳。
生长季给水：20天左右一次。
常见繁殖方法：剪枝（砍头），叶插。

蓝黛莲

科属：景天科厚叶草属

难易程度：非常容易。
日照建议：喜欢日照，酷夏需遮阳。
生长季给水：15天左右一次。
常见繁殖方法：剪枝（砍头），叶插。

　　蓝黛莲极容易成活，对大部分新手来说，绝对是漂亮且好养的多肉。推荐叶插，新出的苗粉嘟嘟的，很漂亮哦！

桃美人

科属：景天科厚叶草属

美得让人惊呼的肥厚叶片，春秋呈粉色。叶插比较容易，但要长成成株比较难。生长季可以少浇水，但一定要保持空气湿度，这样颜色更加粉嫩。

难易程度：非常容易。
日照建议：喜欢日照，酷夏需遮阳。
生长季给水：20天左右一次。
常见繁殖方法：剪枝（砍头），叶插。

桃之卵

科属：景天科厚叶草属

很多人会把桃之卵误认为桃美人，仔细观察就会发现，桃之卵的叶片比桃美人更短、更圆，表面的粉更薄，总体看上去更加粉亮。

难易程度：非常容易。

日照建议：喜欢日照，酷夏需遮阳。

生长季给水：20天左右一次。

常见繁殖方法：剪枝（砍头），叶插。

冬美人

科属：景天科厚叶草属

多半的花友养出的冬美人都是绿绿的泛白色，若希望其颜色更漂亮，阿呆推荐养成群生的老桩。冬美人就算20天浇水一次也照样能长成漂亮的老桩，1~2年就基本成型，成型后的老桩不但形态漂亮，颜色也不再是那种绿绿的泛白色，而会转为粉紫色，且叶片也会缩短到新桩的2/3左右。

难易程度：非常容易。
日照建议：喜欢日照，酷夏需遮阳。
生长季给水：20天左右一次。
常见繁殖方法：剪枝（砍头），叶插。

灰兔耳

科属：景天科伽蓝菜属

灰兔耳养久了，适当少给水叶片会变短，表面的毛会变白，且只有叶尖呈黑色。如果你喜欢肥厚的大叶子，一定要用好一些的花土（比如多肉植物专用土），见干见湿，叶片会肥厚很多。

难易程度：非常容易。

日照建议：喜欢日照，夏季需遮阳。

生长季给水：15天左右一次。

常见繁殖方法：剪枝（砍头），叶插（断了的叶片也能叶插）。

福兔耳

别名：福兔儿
科属：景天科伽蓝菜属

　　福兔耳属于生根极慢的品种，对于急性子的花友来说，阿呆不推荐这个品种，有耐心的花友则强力推荐。到了秋天，叶片背面 会变红，就像覆盖上丝绒的红宝石。

难易程度：简单了解习性后再养。
日照建议：喜欢日照，夏季需遮阳。
生长季给水：15天左右一次。
常见繁殖方法：剪枝（砍头）。

黑兔耳

别名：咖啡兔耳朵
科属：景天科伽蓝菜属

　　黑兔耳小时候超萌，叶片呈椭圆型、金黄色，叶尖深咖啡色，就像刚出生的小兔子。成株新生出的叶子也是这样，叶片一旦超过2厘米，颜色就变淡，没有那么萌了。

难易程度：非常容易。
日照建议：喜欢日照，夏季需遮阳。
生长季给水：15天左右一次。
常见繁殖方法：剪枝（砍头），叶插。

白姬之舞

科属：景天科伽蓝菜属

白姬之舞的控水必须非常到位，不然很容易徒长成节间很长的细杆。良好的控水可以让白姬之舞顶端的叶片呈蚌壳状，颜色黄粉相间，非常漂亮。

难易程度：非常容易。
日照建议：喜欢日照，夏季需遮阳。
生长季给水：20天左右一次。
常见繁殖方法：剪枝（砍头）。

蝴蝶之舞

别名：玉吊钟

科属：景天科伽蓝菜属

相对其他多肉植物来说，蝴蝶之舞的生长速度是比较快的。叶缘的每个小缺口都有可能长出新的小生命。颜色最好的季节是春天与夏天过渡的时候。

难易程度：非常容易。

日照建议：喜欢日照，酷夏需遮阳。

生长季给水：15天左右一次。

常见繁殖方法：剪枝（砍头），叶插。

观音莲

科属：景天科长生草属

观音莲很常见，但要养到超美的状态比较难。建议混合花土里颗粒多一点，最好超过50%。所处环境若是冬季气温低于0℃，植株全部枯萎，次年会从根茎部位长出新的植株。长生草属植物不喜欢暴晒，夏天会出现生长停滞的现象，散射光处理即可。

难易程度：非常容易。
日照建议：喜欢日照，酷夏需遮阳。
生长季给水：20天左右一次。
常见繁殖方法：剪枝（砍头）。

蛛丝卷绢

科属：景天科长生草属

叶尖之间有白色的丝相连，如同一张织好的蛛网，因此而得名。同其他长生草属植物一样，不喜欢暴晒，夏季会出现生长停滞现象，此时建议放在朝东的阳台或用50%的遮阳网遮光，适当减少浇水，这样比较容易度夏。

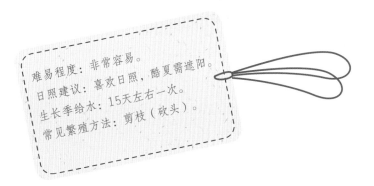

难易程度：非常容易。
日照建议：喜欢日照，酷夏需遮阳。
生长季给水：15天左右一次。
常见繁殖方法：剪枝（砍头）。

山地玫瑰

科属：景天科长生草属

山地玫瑰是比较容易群生的品种，正常情况下1~2年就能从一小株变成一大群。夏季有明显的休眠，植株呈紧抱状、不生长，20天左右给少量的水养根即可。

难易程度：非常容易。

日照建议：喜欢日照，酷夏需遮阳。

生长季给水：15天左右一次。

常见繁殖方法：剪枝（砍头）。

猫爪

科属：景天科银波锦属

猫爪的叶片就像带有3个小爪。最漂亮的季节是春天即将结束时，叶片呈金黄色，其他季节基本是全绿。

难易程度：容易。

日照建议：喜欢日照，夏季需遮阳。

生长季给水：15天左右一次。

常见繁殖方法：剪枝（砍头）。

熊童子

科属：景天科银波锦属

熊童子最漂亮的就是熊掌一样的叶片，适当多给予日照，减少给水，叶片边缘会出现红色，那样就更可爱了。

难易程度：非常容易。
日照建议：喜欢日照，夏季需遮阳。
生长季给水：15天左右一次。
常见繁殖方法：剪枝（砍头）。

熊童子白锦

科属：景天科银波锦属

熊童子白锦比熊童子的生长速度缓慢了很多，但绝对值得养2~3株，若有耐心养成漂亮的树状，想想都觉得美。

难易程度：非常容易。

日照建议：喜欢日照，夏季需遮阳。

生长季给水：15天左右一次。

常见繁殖方法：剪枝（砍头）。

熊童子黄锦

科属：景天科银波锦属

带有斑纹的"熊掌"更具诱惑，因为斑锦化的叶片比普通的熊童子更加圆润。

难易程度：非常容易。

日照建议：喜欢日照，夏季需遮阳。

生长季给水：15天左右一次。

常见繁殖方法：剪枝（砍头）。

福娘

科属：景天科银波锦属

福娘的名字很吸引人，其表面覆盖厚厚的白霜，就像待嫁新娘的头纱。种的时候注意不要碰触叶片，霜一旦掉了就不会再长出，只有等其慢慢代谢掉。

难易程度：容易。

日照建议：喜欢日照，夏季需遮阳。

生长季给水：15天左右一次。

常见繁殖方法：剪枝（砍头）。

达摩福娘

科属：景天科银波锦属

达摩福娘的杆相对较细，很难支撑着一直向上生长，会慢慢呈匍匐状长成一片。夏季一定要注意通风，否则很容易被细菌感染。

难易程度：容易。

日照建议：喜欢日照，夏季需遮阳。

生长季给水：15天左右一次。

常见繁殖方法：剪枝（砍头）。

子持莲华

别名：子持莲花
科属：景天科瓦松属

很多花友养的子持莲华叶片都很松散，通过良好的控水及日照，是可以养出叶片紧抱状的茁壮姿态的。

难易程度：非常容易。
日照建议：喜欢日照，酷夏需遮阳。
生长季给水：20天左右一次。
常见繁殖方法：剪枝（砍头）。

江户紫

别名：紫武藏、地图
科属：景天科伽蓝菜属

　　最美的季节是春季，原来绿底色的叶片会变成红色，同时带紫色的条纹。建议少浇水，水大了颜色非常绿，且紫色不明显。

难易程度：非常容易。
日照建议：喜欢日照，夏季需遮阳。
生长季给水：15天左右一次。
常见繁殖方法：剪枝（砍头）。

月影系 石莲

科属：景天科石莲花属

月影系石莲是石莲花属中非常漂亮的一个系列。这个系列的植物就像月光一样变换，大部分颜色都很淡雅，偏白色，叶边缘偏红色。这个系列的植物喜欢晒，一定不要阴，否则颜色就不知道如何形容了。叶插出来的苗都很漂亮，推荐给叶插控的花友。

月影冰梅

难易程度：非常容易。
日照建议：喜欢日照，酷夏需遮阳。
生长季给水：15天左右一次。
常见繁殖方法：剪枝（砍头），叶插。

魔南属

魔南属的植物不太常见，但真的很漂亮，是非常值得收藏和栽培的品种。颜色接近各种果冻色，有黄色、红色，根据温差及日照而变化。夏季一定要注意遮阳及通风，否则很难度夏。

难易程度：了解习性后再养植。

日照建议：不要太晒，夏季必须遮阳，春秋季日照强度高时也需遮阳。

生长季给水：15天左右一次。

常见繁殖方法：剪枝（砍头）。

瑞典魔南

新种魔南

天锦章属

天锦章属的很多植物随着季节的变化会出现绚丽的斑点，叶片形状非常特别，有棍状、饺子状、片状等，是很多玩家花友喜欢收藏的品种。叶插非常容易，只要是健康的叶片几乎都可以出苗。叶插出来的小苗也很好管理，比成株环境潮润一些即可，空气湿度超过60%比较适宜。

难易程度：非常容易。
日照建议：喜欢日照，酷夏需遮阳。
生长季给水：20天左右浇水一次。
常见繁殖方法：剪枝（砍头），叶插。

鼓槌水泡

神想曲（别名：永乐）

草莓蛋糕

裂纹水泡

赤肌御所锦

玛丽安水泡

赤兔耳水泡

番杏科 *Aizoaceae*

番杏科大约有120多个属2000余种植物。其茎叶都高度肉质化，花纹艳丽，外形各异，花色繁多，是"多肉控"不可错过的奇异"精灵"。或群组或单种，总能种出自己独特的个性及风采。最具代表性的就是生石花，花友也会戏称它为屁屁花或石头花，和真的石头放一起，几乎可以以假乱真。

栽培要点碎碎念

一年中绝大多数时间都需要相对充足的光照，夏季高于35℃即停止生长，注意遮光或者移至朝东的阳台，注意断水，保持良好通风。建议每两年翻盆修根一次。冬季休眠，选择天气晴朗、气温高于15℃的上午少量给水。

生石花属

别名：屁屁花、石头花

　　生石花，也有人称它"石头花"，部分中间带自然的裂痕分为两半，因此也被花友戏称为"屁屁花"。绝大多数的品种春季蜕皮一次，秋季开花，极少数小苗一年有可能蜕皮2~3次，这很正常。蜕皮期间一定要及时断水。夏季高温时停止生长，冬季气温低于10℃时停止生长。栽培相对容易，在不适宜生长的季节建议少浇水或者不浇水。

难易程度：容易。

日照建议：喜欢日照，酷夏需遮阳。

生长季给水：20天左右一次。

蜕皮时间：春天。未开花的小苗每年蜕皮1~4次不等，开花成株基本是一年一次。

常见繁殖方法：授粉播种。

肉锥属

很多肉锥属的多肉从侧面看很像桃心、兔耳朵，从顶端看又像带着条纹的绿色石头。因形态多变，很多花友也乐意收集其系列品种。肉锥属多肉最漂亮的季节是秋天，此时花开灿烂，无所顾及地展示它们的绚烂。

难易程度：容易。

日照建议：喜欢日照，夏季需遮阳。

生长季给水：20天左右一次。

蜕皮时间：春天。每年蜕皮一次，若分株最好选择秋天，否则会影响次年的蜕皮分头数量。

常见繁殖方法：授粉播种，蜕皮分株。

肉锥开花

肉锥夏天蜕皮

风铃玉属

　　风铃玉属的多肉用"水晶柱子"来比喻再贴切不过了。若将植物放大来看，表面就像用水晶镶嵌过一样。因此，对于绝大多数花友来说，养风铃玉会有一点小心翼翼的心理，总担心不小心就把它弄伤了，实际大可不必那样紧张。风铃玉属多肉除夏季需要极好地控水外，算是很容易养活的，夏季建议一个月左右浇水一次，且一定是天气凉爽的时候。

难易程度：简单了解习性后再养植。
日照建议：喜欢日照，夏季需遮阳。
生长季给水：20天左右一次。
蜕皮时间：春天。每年蜕皮一次，若想分株最好选择秋天，否则会影响次年的分头数量。
常见繁殖方法：授粉播种，蜕皮分株。

天女属

天女属多肉对很多花友来说不是那种一见倾心的类型，但阿呆还是想向大家推荐。在夏季花期，粉紫、抱紧的花蕊很漂亮。与其他番杏科多肉不同的是，天女属多肉能慢慢群生，长成一丛。

难易程度：容易。

日照建议：喜欢日照，夏季需遮阳。

生长季给水：20天左右一次。

常见繁殖方法：授粉播种，侧芽分株。

鳄鱼的眼泪

魔之扇

天女

红帝玉

科属：番杏科对叶花属

常见的对叶花属多肉就是帝玉和红帝玉，小苗像开心果，成株可以长到5~8厘米。没有明显的蜕皮现象，正常情况是长出一层新叶，老叶就会慢慢干瘪，所以一直保持2~4片叶的状态。

难易程度：容易。
日照建议：喜欢日照，夏季需遮阳。
生长季给水：20天左右一次。
常见繁殖方法：授粉播种。

五十铃玉

科属：番杏科棒叶花属

五十铃玉是棒叶花属最常见的多肉植物。棒叶花属植物一般春季开花，之后进入一个高速生长期。夏季一定要遮阳并降温，要不很容易全部烂掉。另外需要注意的是，代谢掉的叶片不要用力扯拉，任其自然发展就好。

难易程度：简单了解习性后再养植。
日照建议：喜欢日照，夏季需遮阳。
生长季给水：20天左右一次。
常见繁殖方法：授粉播种，侧芽分株。

金铃

科属：番杏科银叶花属

银叶花属的多肉常见的只有金铃，花白色、橘色，白色花尤为稀少。每次看到金铃，阿呆都会有两个想法：第一，这个是太空生物；第二，开心果。

难易程度：容易。
日照建议：喜欢日照，夏季需遮阳。
生长季给水：20天左右一次。
常见繁殖方法：授粉播种。

鹿角海棠

科属：番杏科鹿角海棠属

养植鹿角海棠的过程中最大的问题就是越养越蔫。个人建议用透气性稍好的花土，待土干透后浇透，放在散射光处，一般1~2天就鼓起来了。过2~3天再慢慢转移到直射光下（夏季需遮阳），这样就能保持很好的状态了。有裂口属于正常现象，花友不必着急。

难易程度：简单了解习性后再养植。
日照建议：喜欢日照，夏季需遮阳。
生长季给水：20天左右一次。
常见繁殖方法：剪枝（砍头）。

碧鱼连

别名：碧鱼莲、碧玉莲

碧鱼连的外形像很多小鱼连接在一起，相当可爱，很受花友追捧。但很多花友都养不活，原因在于枝干很干，让花友误以为快要干死了，因而大量浇水，把根系给捂烂了。阿呆建议刚种下后先让其干干，不要晒，坚持到花土基本都干透且植株稍萎蔫再浇水。刚开始浇水间隔为2周左右一次，根系长好后改为1周左右浇一次，这样颜色比较嫩绿透亮。

难易程度：简单了解习性后再养植。
日照建议：不要太晒，夏季必须遮阳，春秋季日照强度高时也需遮阳。
生长季给水：15天左右一次。
常见繁殖方法：剪枝（砍头）。

百合科 *Lihaceae*

百合科约有230个属3500余种，我们常见的百合科植物有百合花、芦荟及十二卷等。百合和芦荟的形态及花色差异很大，你从没想过把它们联系在一起吧？

栽培要点碎碎念

不适宜暴晒，建议放在散射光极好的地点或东西向的阳台。不耐低温，低于5℃就要采取防冻措施。春、夏、秋季需保持良好通风，每年翻盆清理死根和老根一次。在比较干燥的季节，为了能让它们呈现非常好的颜色，推荐闷养（方法参见：Part4超级经验分享）。

瓦苇属（十二卷属）

很多人也称瓦苇属为十二卷属，该属最常见的植物就是条纹十二卷。虽说常见易养，但要养出很好的状态也不容易。建议用颗粒花土，每次浇透水，让花土里的颗粒吸满水。这样，就算长时间不浇水，由花土慢慢释放出的水汽也能使植物周围保持潮润，这是最好的状态。

难易程度：简单了解习性后再养。

日照建议：不要太晒，夏季必须遮阳，春秋季日照强度高时也需遮阳。

生长季给水：10天左右一次。

常见繁殖方法：叶插、剪枝（砍头）、授粉播种。

京之华、凝脂菊

京之华锦

宝草

宝草锦

玉露

曲水之宴

玉露寿

孔雀姬

万象

玉扇

芦荟属

芦荟属的多肉很多都是我们常见的，有一些还是中国原产的。如大家了解的那样，很多都有明显的药用价值。但对于大多数玩家花友来说，关注的还是其奇特的外形。

鬼切丸

难易程度：容易。

日照建议：不要太晒，夏季必须遮阳，春秋季日照强度高时也需遮阳。

生长季给水：15天左右一次。

常见繁殖方法：侧芽分株，剪枝（砍头）。

黑魔殿

鲨鱼掌属

鲨鱼掌属，听名字就觉得属于稀奇古怪类的植物，而且很多时候，越是我们认为怪异的植物，价格越高，生长也相对较慢。比如卧牛，一年也就生长2~4片叶子而已。

难易程度：简单了解习性后再养植。

日照建议：不要太晒，夏季必须遮阳，春秋季日照强度高时也需遮阳。

生长季给水：15天左右一次。

常见繁殖方法：侧芽分株、授粉播种。

卧牛

姬子宝锦

其他常见多肉植物

仙人掌科

仙人掌科大约有130个属1800余种，全科都是多肉植物。最新奇的看点是表面覆盖的刺座、外形各异的果实和颜色各异的花朵，形态奇异的疣凸和表皮的颜色也是不能放过的一道美景。更多人喜欢仙人掌的原因是因为它的美丽花朵及能食用的果实，我们常听说的昙花和常见的火龙果就是例子。夏季为仙人掌的生长季，此时不能断水。

难易程度：容易。
日照建议：不要太晒，夏季必须遮阳，春秋季日照强度高时也需遮阳。
生长季给水：15天左右一次。
常见繁殖方法：授粉播种，剪枝（砍头）。

高砂
科属：仙人掌科乳突球属

乌羽玉
科属：仙人掌科乌羽玉属

孤雁丸

别名：庆岛

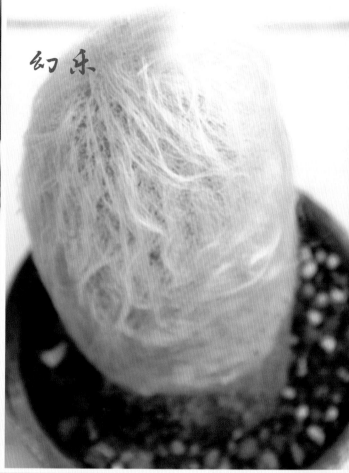

幻乐

小人帽子

科属：仙人掌科月世界属

菊科千里光属

菊科植物最常见的就是菊花了，阿呆第一次听说菊科也有多肉植物时很意外。后来慢慢知道，一般菊科千里光属的才属于多肉，而且有几种还是我们常见且很喜欢的。菊科的多肉在栽培时尤其要注意通风，不然很容易烂。

难易程度：容易。
日照建议：喜欢日照，酷夏需遮阳。
生长季给水：15天左右一次。
常见繁殖方法：剪枝（砍头）。

神笔

蓝松
别名：万宝

神笔锦
别名：七宝树锦

银月

佛珠

别名：绿之铃、情人泪

大戟科

　　我们常见的大戟科多肉植物基本都属于大戟属。它们大多都会因为受伤而流出白色的汁液，种植时要加倍小心，不要碰到。它们很多都是春天开花，花虽然不算惹眼，但用高倍相机拍下还是很漂亮的。大戟科的很多植物不太喜欢晒太阳，但如果让它慢慢适应晒的环境，其颜色和状态都会很漂亮。

难易程度：容易。

日照建议：不要太晒，夏季必须遮阳，春秋季日照强度高时也需遮阳。

生长季给水：15天左右一次。

常见繁殖方法：剪枝（砍头）、授粉播种。

布纹球

科属：大戟科大戟属

铜绿麒麟
科属：大戟科大戟属

彭珊瑚
科属：大戟科大戟属

萝藦科

萝藦科仅介绍两种植物，一种是爱之蔓，一种是爱之蔓的变异锦，都属于吊灯花属。这是萝藦科里阿呆最喜欢的两种多肉。建议养在朝西或者朝东的阳台，2周左右浇水一次，一定要注意通风。

难易程度：简单了解习性后再养。
日照建议：不要太晒，夏季必须遮阳，
春秋季日照强度高时也需遮阳。
生长季给水：15天左右一次。
常见繁殖方法：剪枝（砍头）、授粉
播种。

爱之蔓
别名：一寸心、金吊钱
科属：萝藦科吊灯花属

爱之蔓锦
科属：萝藦科吊灯花属

龟甲龙

科属：薯蓣科薯蓣属

　　龟甲龙属于夏季休眠的多肉，夏天叶子和藤蔓都会枯萎，只剩下个球。这时，很多人为误以为它死了，实际不是。待秋天来临，它会开始慢慢出根发芽。建议每年秋天都少量施加缓释性花肥，2周左右给水一次。注意通风，夏天不能晒，建议放在阴凉处，以保证块根安全度夏。

难易程度：简单了解习性后再养。
日照建议：不要太晒，夏季必须遮阳，春秋季日照强度高时也需遮阳。
生长季给水：15天左右一次。
常见繁殖方法：授粉播种。

吹雪之松锦

别名：樱吹雪

科属：马齿苋科回欢草属

回欢草属植物在自然状态下是冬季休眠的，叶片都会枯萎。但室内栽培的大部分不会枯萎，只是停留在一个生长缓慢的阶段，建议冬天若气温低于5℃，须在有阳光的上午少量给水，保持植物不被干死就好了。

难易程度：简单了解习性后再养。

日照建议：不要太晒，夏季必须遮阳，春秋季日照强度高时也需遮阳。

生长季给水：15天左右一次。

常见繁殖方法：剪枝（砍头）。

红花断崖女王

别名：月宴

科属：苦苣苔科月宴属

　　断崖女王冬季休眠，此时的叶片几乎都枯萎了，仅留有块根。春天气温高于15℃时又慢慢开始出芽成长，5~6月开花。冬天休眠后仍需15天左右少量浇水一次，以保持块茎不萎缩。

难易程度：简单了解习性后再养。

日照建议：不要太晒，夏季必须遮阳，春秋季日照强度高时也需遮阳。

生长季给水：10天左右一次。

常见繁殖方法：授粉播种。

Part3
让花园壮大的秘密

认识了那么多可爱的肉肉，好想抱回家来种呀！但是，该怎么照顾它们呢？日常养护的配土、上盆该如何操作？如何繁殖，让多肉一变十，让自己的花园发展壮大？认真看完本章，你就知道该怎么做啦！

专业辅助工具

　　把多肉植物种植成掌上花园，没有你想的那么困难。营造掌上花园前，需要先准备几种简单的工具。建议先简单适应一下工具，这样在正式种植时可以更快地达到预期的效果，避免因为不熟悉而弄伤植物。

① 水壶：定点定量地给水，很方便。

② 刀片：用于分株及砍头。

③ 网格：垫在花盆底孔上，防止花土从底孔漏出；无底孔花器最下层会垫轻石，在轻石上垫网格，以防花土下滑至底层。

④ 钝圆及扁平的毛刷：清理表面浮土，但表面带霜的多肉不能用。

⑤ 剪刀：修根剪根、分株砍头等都会用到。

⑥ 圆头或尖头镊子：种植时夹住植物的根部，方便快捷；还可以夹走害虫，清理掉在叶片间的土壤颗粒等。

⑦ 铲土工具：勺子、铲子都可以充当铲土工具，对于迷你植物来说，大小合适的添土及铲土工具很重要。

种植介质

　　建议用专业的混合土壤栽种多肉植物，这个是绝对不能节省的。专用花土和普通花土相比具有良好的透气性及排水性，可以让你的掌上花园更加绚丽多彩，管理也更省心。

　　花土的混合比例并不固定，可根据当地气候环境做相应的调整，适当增加或减少颗粒质以达到最好的配比，让植物更快地适宜当地的环境。

认识几种颗粒介质

赤玉土：万能用土，可短时间单独使用，推荐用于混合花土或者铺垫表面。

火山岩：抗菌抑菌，推荐用于混合花土或者铺垫表面、垫底。

鹿沼土：和赤玉土差不多的万能用土。

麦饭石：天然"净水器"，可净化水质，给植物更干净的好水，主要用于铺垫表面或混合花土。

轻石：专业的花土疏松剂，可用于混合花土或者无底孔花器垫底，防止烂根。

轻石细颗粒：最好的花土疏松剂，主要用于混合花土。

素烧红陶：极好的控根颗粒。可用于垫底、铺面，晾根的时候也可垫在底下。

天然粗砂：隔菌防虫，主要用于铺垫表面，混合花土。

桐生沙：最好的定植花土。

仙土：天然的植物营养剂，主要用于混合花土，能持久地提供植物所需的营养。

植金石：会呼吸的火山岩，可增加花土的透气度。用于混合花土、铺面都非常好，可减少感染细菌的几率。

蛭石：保水促发根。可将砍头剪枝的花头直接放在铺好蛭石的花土上；还可用于播种以及混合花土。

此外，还有用于改良土壤的稻壳炭（熏炭），它既不算颗粒介质也不算花土，主要用于杀菌、抑菌、改良土壤。

混合配比推荐

★营养花土： 适用于排水好的花器以及相对干燥的环境。

5份颗粒介质+5份营养腐殖土

营养花土：从左至右分别为泥炭、蛭石、稻壳炭、轻石

★颗粒花土： 适用于排水不好的化器以及相对潮润、阳光少的环境。

7份颗粒介质+3份营养腐殖土

颗粒花土：从左至右分别为轻石、泥炭、稻壳炭、赤玉土、火山岩

★叶插花土： 适用于叶插繁殖。

3份颗粒介质+7份营养腐殖土

叶插花土：从左至右分别为泥炭、稻壳炭、蛭石、赤玉土

装饰石

对于很多花友来说，种出一盆漂亮的盆栽，还会用到仅起装饰作用的装饰石，值得新手花友尝试一下。注意不要将太大的石头压住植物的根系就好了。

汉白玉

黑金石

大粒水晶石

小粒水晶石

种植操作

　　正确而恰当的种植流程是花园壮大的第一步，能让植物更快地适应新环境，更早地展现它的美丽。

1.有底孔花器

① 以有底孔的方形花器为例。

② 在底孔上放一片大小合适的网格，防止花土流出；也可以在网格上再放一层卫生纸，这样细小颗粒的花土也不会流出了。

③ 开始添加花土，先放2厘米的厚度。

④ 添加少量缓释颗粒花肥，使用量根据具体情况而定。

⑤ 添加1~2厘米厚的防腐颗粒，也可以用木炭颗粒替代。

⑥ 添加花土至9分满。

⑦ 用镊子夹住多肉根部，以45度角插入花土。

⑧ 调整一下位置，直至满意。

⑨ 根据个人喜好在表面铺垫一层颗粒介质。

⑩ 大功告成。

有些多肉根系粗，不方便用镊子时，可用铲子轻轻扒开花土，顺势将植物放入。

如果植株不干净，可用毛刷清理，不要用水冲。

2.无底孔花器

① 准备已修好根的植物和无底孔花器。

② 添加适量的吸水性颗粒介质：轻石，约1.5~2厘米厚，铺平，以利于后期的操作。

③ 放入一块大小合适的网格。

④ 加入少量花土，约1厘米厚，铺平。

⑤ 根据花盆的大小加入适量花肥，均匀撒开。

6a 添加植物防腐颗粒，约1~2厘米厚。

6b 如果没有防腐颗粒，也可以用木炭颗粒替代。

7 继续添加花土至9分满。

8 将镊子呈45度角夹住植物根系，插入花土（如果植物比较重，记得用手扶住，避免因摇晃导致根部断裂）。

9 调整好状态后，在表面铺垫一层0.5~1厘米厚的颗粒介质，可以有效促进土表的通风，预防细菌感染。

10 铺在表面的颗粒在多肉夹缝中不是很好添加，可以选用尖细的铲子操作。

相关问题Q&A

Q：刚种好后能晒太阳吗？

A：不能暴晒，可以放在东向或者东南朝向的阳台。一定不能放在南向阳台或室外直接晒。

Q：刚种好需要浇水吗？

A：不推荐直接浇水，建议种植前将花土用水浸到微润的状态（一般一升干的花土混合50毫升水）。

Q：有底孔的花器是不是每次浇水都是从底孔流出最好？

A：浇水的方式取决于您的花土混合配比。若是颗粒介质超过70%，可以每次浇水直至底孔流出。若是颗粒低于70%，建议每次浇水量为花盆容积的1/2即可。

Q：无底孔花器为什么要在底部垫轻石或其他的火山石？

A：在底部垫加轻石和火山石，可以起到根部控水的作用。若一不小心水浇多了，可以轻轻倾斜，方便倒出。

繁殖操作

1.叶插

      将准备叶插的叶片放在通风处2~3天。然后参考图片中没出苗的叶片，按这样放在花土表面。叶片出苗处，花土刚覆盖上即可，不可覆盖太多花土。待小苗长到叶片大小时，才能算是成苗。这期间，叶插苗始终放在明亮的散射光下，也可以是朝东的阳台。1~2周浇水一次，花土干透后浇水，干燥的季节3天左右增加1次喷水。无需施肥。

小苗5周左右
就可以长到2-3厘米

放2-3周后的就会出苗

新放的紫珍珠叶片

准备工作：收获叶片，在通风处放2~3天。
开始叶插：参考图片中没出苗的叶片，按这样放在花土表面。
注意事项：叶片出苗处花土刚覆盖即可，不可覆盖太多花土。
成苗：小苗长到叶片大小，才能算是成苗。
日照：明亮的散射光，或者是朝东阳台。
水分：1~2周浇水一次，花土干透浇水（干燥季节3天左右再喷水一次）。
施肥：无需施肥。

姬胧月
姬秋丽
柳叶莲花
紫珍珠
珊瑚珠
白牡丹

相关问题Q&A

Q：叶插是否需要生根剂？

A：不能使用生根剂。因为使用后，很多叶片只长根不出苗或者出苗少。

Q：是不是所有叶片都可以叶插？

A：不是的。要选可用于叶插的多肉的健康茁壮叶片（可叶插的多肉在"Part2多肉养护图鉴"中已标出）。

Q：叶插后需要晒太阳吗？如何晒？

A：需要晒太阳，建议放在明亮的散射光下或者东南朝向的阳台，不能直接放在朝南的阳台上暴晒。

Q：叶插后如何浇水？

A：根据当地的气候，建议1~2周浇水一次。

Q：叶插苗长大后需要移栽吗？如何操作？

A：叶插苗超过叶片大小后需要移栽。提前断水一周，用小铲子将小苗端起，直接种入新的花盆即可。

Q：冬季能叶插吗？

A：冬季室温低于5℃时不要开始新的叶插。

2.砍头

① 选择好需要砍头的植物。　② 选择相对周正的花头，不要有缺口，留2~3片叶子。　③ 晾晒伤口，将多肉倒扣晾晒，直到伤口收敛。

④ 3~5天后伤口收敛好的状态。　⑤ 容器装好花土，同时准备好蛭石。

⑥ 在花土表面放少量蛭石，约1勺。　⑦ 将晾好的花头种上。

8 将种好的花头和底桩放在散射光极好的位置，等待生根及发枝。

9 砍头成功：一株成为两株。

Part4
超级经验分享

多肉植物虽说是懒人植物，但养护起来还是需要一些简单技巧和经验的。借鉴了好的经验才能减少甚至避免过多的伤亡，让肉肉更加茁壮、漂亮。

日常养护那些事

1.养肉打油诗

> 见干见湿，不见水。
> 喜阳喜晒，不暴晒。
> 省钱省事，不省工。
> 爱花养花，不捂花。

第一句的意思是：花土干透后浇水，浇水不要太多，每次花土基本湿润即可，不要有多余的水滴出现。

第二句的意思是：多肉植物喜欢晒太阳，但是不要因好久没有晒后发现有徒长就马上暴晒。

第三句的意思是：省是好事，但对多肉植物来说，好的花土及必要的种植流程是不能省的。

第四句的意思是：喜欢养花、爱护花要讲究方法，注意通风，不要捂着它。

2.多肉也是群居爱好者

超过10株或者10盆植物时，它们就可以形成自己的小环境，成活率更高。这同样适用于多肉。

3.不要对多肉发火

来点音乐或鼓励的悄悄话，它们是可以感受到的。信不信由你！

4.新种多肉的正常代谢不必过于紧张

新种的多肉新叶还没有长出，老叶却渐渐干瘪了，怎么办？如果没有暴晒，这种情况则属于植物的正常代谢，不必紧张。最后强调一点，新栽种的不要暴晒，阳光应慢慢由弱至强。

绒针

5.哪种水是最好的浇花水？

　　自来水：自来水都含有少量的氯和大量的细菌，自来水的温度通常也会和花土的温度不同。鉴于此，阿呆个人建议将自来水晒2天再浇花。

　　雨水：新接的雨水也是很好的浇花水，但最好不要将植物直接放在外面淋雨。可以将雨水收集起来，等需要浇水的时候使用。

　　淘米水：沉淀后的淘米水含有大量的微量元素，既是很好的浇花水，也有一定的营养。

6. 哪种花肥最合适？

　　骨粉：一般选用脱脂的骨粉，按1份骨粉10份花土的比例混合花土。

　　鸡粪：发酵后的鸡粪虽说有一点臭，但对于植物来说是非常好的综合性花肥。放在底部不靠近根系即可。

　　缓释颗粒花肥：最适合懒汉花友，换盆换土的时候放一些在底部或者2~3个月在表面添加一次都很好。

7. 养护最适宜的温度是多少？

　　个人建议，只要是气温不高于38℃和不低于5℃都不用做什么处理。随着自然的变化而变化，植物的颜色才是最漂亮的。室内气温低于5℃时增加保温措施（开空调、断水、关窗等）。高于38℃时注意通风（开风扇、开窗户等），还要遮阳。

8. 多肉植物的浇水原则

　　浇水的基本原则是干透再浇水。

虾嵌

多肉状态不好了怎么办

1.有气生根是状态不好吗？

很多多肉都会在枝干处生出许多小须根，这个对生长没什么影响，只是一种生长状态。喜欢繁殖的花友可以沿着须根多的位置剪枝，然后扦插，很容易成活。

塔松的气生根

2.缺水徒长怎么办？

多肉叶片干瘪不饱满，但持续长高。出现这样的状态后，建议慢慢增加浇水量。注意不要马上大量浇水，要给植物一个适应的过程。花土干了就可以马上浇水，待新出的叶片慢慢饱满且紧密后，就可以正常地见干见湿的浇水。

缺光、缺水徒长的黄丽

正常的黄丽

3. 缺光徒长怎么办?

缺光徒长多半是叶片细长，颜色发白或者发绿。出现缺光徒长时，可以将多肉慢慢转移到日晒适当的位置（根据多肉不同的日晒需求转移到适宜的位置）。已经徒长的叶片是不能恢复的，只有靠新长出的叶片慢慢聚拢，形成更好的状态和颜色。

缺光徒长的蓝石莲

正常的蓝石莲

4.水大缺光怎么办?

水大缺光的多肉一般叶片会向下生长。建议立即延长浇水时间，每次浇水前用手轻轻捏下叶片，等缺水蔫了再浇。

水大缺光的女王花笠

状态好的女王花笠

5.新种的多肉外围叶片怎么总是干瘪?

这是植物的正常代谢,只要不是从中间损坏就没有问题。

6.百合科多肉叶片干瘪不水润,怎么办?

百合科的多肉养着养着叶片就干瘪了,就算浇水也不恢复。此时建议浇水后用果冻杯、透明的塑料杯或矿泉水瓶(剪成两段)闷养一段时间。

仙女杯外围的叶片干瘪了

玉露闷养步骤

全力对付病虫害

1.新带回家的多肉如何预防病虫害

不打算换盆换土：建议隔离3~4周后再将其与其他植物放到一起。

打算换盆换土：拿回家后先清理掉原来的花土并且洗根，在散射光下晾2~3个小时，待水干后换上处理好的新花土。

2.病虫害的预防及清理

夏季是多肉病虫害的高发季节，此时尤其要做好预防工作。通风相当重要，自然风是比任何药剂都好的预防办法。

花土要提前进行杀菌杀虫（用微波炉高火转5分钟，或者暴晒72小时，或者在花土里混合杀虫及杀菌剂。

在病虫害高发的夏季，建议每月使用一次杀菌及杀虫剂（按说明使用即可）。做好预防。如果不幸发生了病虫害，建议先隔离，再按药剂说明连续使用2~3次。

清理病虫的步骤

①发生病虫害的多肉。

②清理掉不好的，留下还可以用的枝条。

③剪去已经坏死的主干，留下健康的枝干。

④在叶片间翻找虫子。

⑤发现后直接用镊子夹死，也可用毛刷清理掉。

⑥配好杀虫剂（按说明使用即可）。

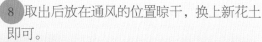

⑦ 夹住多肉完全浸泡到药剂中，3~5分钟后　　⑧ 取出后放在通风的位置晾干，换上新花土
取出。浸泡时轻轻晃动几次。　　　　　　　　　即可。

多肉如何养漂亮

1.如何养出漂亮的颜色？

温差和日照强度不同，多肉植物色彩也有很大不同。一般来讲，大温差和阳光充足时，多肉的颜色会更漂亮。

温差：在温差大的环境下，多肉的颜色更漂亮，比如春秋季。

日照：给予多肉适宜的阳光，喜欢晒的就多晒，对于日照需求量少的就少晒。要先简单了解多肉对于日照的要求再操作。

2.如何养出漂亮的老桩？

老桩需要时间的沉淀。建议：花土选择颗粒相对多一些的，另外修剪掉一些分枝，防止因分枝过多而导致主干细瘦。

3.如何水培？

水培时，建议根系刚刚挨着水面，最长不能进入水里超过4厘米。

4.多肉植物的休眠期

多肉植物的休眠不像球根植物那样明显（球根植物休眠时土表叶片枯萎，比如洋葱或者大蒜）。多肉休眠最简单的判断方法是：当气温超过38℃或低于5℃时，连续观察多肉2周，这期间如果没有明显的生长，就可以判断它已经进入休眠期了。

Part5
掌上花园

　　掌握了基本的多肉养植方法后，你是不是也想像多肉"大咖"们一样，做一个别致美丽的多肉组盆呢？无论自己欣赏还是送给朋友做礼物，都再合适不过了！

　　本章以详细的图文展示了多肉组盆的步骤，即使从未做过的花友也能轻松掌握。同时提供了一些组合盆栽的展示，希望能抛砖引玉，带给你创作的灵感！

用水苔种多肉

1 准备好组盆材料，包括盆器、水苔、麻绳、多肉和镊子。

2 将水苔浸湿，手握能成团。

3 用麻绳将水苔包裹好。

4 将包裹好的水苔放入容器。

5 用镊子找好种植位置。

6 种入第一棵多肉。

7 依次种入其他多肉，完成。

鸟巢

① 准备好鸟笼造型容器、水苔、小鸟道具和多肉。

② 将水苔浸湿后填入鸟笼造型容器，小鸟放在笼顶端。

③ 将多肉依次种入水苔，同时在松散处填补水苔。

④ 不断将多肉种入，让造型更加丰满。

⑤ 完成。

相关问题Q&A

Q：用水苔种多肉能活吗，是否需要换盆？

A：当然能活，而且很多都能活得很好哦。至于换盆，要根据多肉生长的形态变化而定，根据多肉的大小更换更合适的花器。

Q：水苔是什么？在哪里能买到？

A：水苔是一种晾干后的苔藓，建议到专业的兰花售卖店铺购买，因为其使用的水苔质量都相当好。

Q：如何分辨水苔的好坏？

A：好的水苔非常有韧性，颜色接近枯草色。一定不要选经过染色的绿色或其他颜色。

Q：使用水苔有什么好处？

A：第一，天然水苔非常干净、病菌少，泡开后成海绵疏松结构，比其他介质更有利于多肉的发根。因此阿呆极力推荐给喜欢繁殖的花友。

第二，对于居住及办公环境阳光较少的花友，阿呆也推荐水苔养植，因为用水苔养多肉，徒长比混合花土种植的更慢，颜色也能保持得更加持久。

Q：水苔种植如何换盆？

A：先浇水让水苔变松软，然后将植物慢慢拔出来，取出的植物将水苔用剪刀轻轻剪开，再用新的水苔包裹着根系种植。

Q：可以用水苔长期种植吗？

A：只要植物形态没有变得很难看就可以一直种植，正常情况下，水苔可以保持2年左右不腐烂。

Q：如何浇水呢？

A：将水苔球及器皿直接泡入水里，过5分钟后取出，倒干净多余的水分即可。

各种有趣的组合盆栽

满园春色

1 参考"Part3让花园壮大的秘密"中的种植流程，准备好多肉和花器。

2 找一个支点，种上你认为最适合的焦点植物。

3 稍加整理。

4 开始种大号多肉，种好后重复步骤3。

5 植物种完的状态，似乎还不是很满意。

6 加上小栅栏，让焦点植物更突出。

7 在表面铺上赤玉土，这一步也叫铺面。

8 完成！第二天可少量浇水。

园子，院子，
好多花花草草

 准备好花器和植物。

② 先种大的多肉，作为盆栽的主要植物。种植时用镊子夹住根系呈45度角种上。

③ 依次种入作为陪衬的小多肉。

④ 完成。

来自生活的惊喜

生活中总有一些物件，是买回后没派上用场或用一次就弃之角落的。收拾的时候也不舍得丢弃，因为它不单单是一个"不受宠"的物件，很多时候也是记忆的留存。用多肉植物装饰这些物件，记忆换一种方式保留吧！

情谊

实木的长条加上三盆花，有家的味道，也有情的味道。每盆花都代表情谊组合里面的一个人或者一件事情，是我们共同的美好记忆。

多肉名称：玉蝶、锦丝、黄丽

皇帝的新装

　　颜色丰富的杯子单独种多肉，放在哪儿都有点楞高的感觉。用上半高的收纳盒，可遮挡杯子的一部分，凸显多肉的色彩，木盒上的字带有古朴的味道。怀旧和糖果色也很搭的。

挽住一路相随

　　碗很简单，植物很简单，我们简简单单地相识、相知，并最终相伴。仙人掌本身长得很慢，种在小碗里至少 2 年都不用换盆。

秀色可餐

韩餐里石锅拌饭是如此的精致可口，一盆好的组合，也会给人秀色可餐的美感。

发现不同的陶瓷

　　泥土经高温的烧制成为陶或瓷。因为它来自泥土，所以阿呆感性地认为这样的器皿更适合植物。陶瓷和多肉是一对好搭档，不同形状的陶瓷器皿往往能搭配出不同味道的多肉作品。

胜利的脚丫

　　外形独特的番杏科多肉种在一起，颜色虽不算灿烂，但这么多肉肉的小植物聚在一起，还是挺惊喜的。

牌局

我们注定各守一方，守护属于自己的那份爱和执着。

两岸之间

都是番杏科的植物，有着同样的养植方法。树根代表桥梁。

玻璃也可以像水晶一样动人

小时候很希望有自己的玻璃房子，不是因为故事的启发，也不是因为别人拥有，只是因为玻璃简洁干净。下面几款小品不算大胆的搭配，但每次做完我都很欣喜。原本有点冰冷的玻璃，搭配绚丽的多肉后，不论放在那个角落，都让人不能忽视它们的光彩。

相关问题Q&A

Q：玻璃器皿不透气，如何浇水？

A：在阿呆看来，玻璃器皿是最好浇水的了，因为每次浇水都可以很直观地看到花土的湿润程度。

Q：用玻璃种多肉是不是不容易养活？

A：器皿对植物肯定有影响，但不是绝对的。建议花土选择透气好的、颗粒介质超过60%的花土。还有就是，不论什么季节，植物和人一样都喜欢通风好的环境，因此一定要加强通风。

Q：像插花一样地将虹之玉插在玻璃瓶里可以长久吗？

A：不能。若想长久地养在玻璃盆里，最好在底部添加1/3的花土。

礼物

记得小时候每每收到礼物，好几天都会沉寂在幸福和快乐里。小时候非常喜欢吃蛋糕，长大了反而不那么爱吃。在不经意的下午，拿出原来准备烘焙蛋糕用的模具。原本想做几个蛋糕送给朋友做生日礼物，后来想想还是算了，因为蛋糕吃完就没有了。不如换一种让她能经常看看，顺便还能想到我的礼物。于是，蛋糕模具有了新用途……

相关问题Q&A

Q：蛋糕模具没有底孔，怎么种多肉？

A：第一，可以用钉子打孔，注意一定是从外向里打孔，否则底部不平整就放不稳了。打孔后参考"Part3让花园壮大的秘密"中"有底孔花器"的种植操作。

第二，也可以不打孔。阿呆的法宝就是垫吸水的石头：如轻石、植金石、火山岩等。种植方法参考"Part3让花园壮大的秘密"中"无底孔花器"的种植操作。

Q：多肉种得这么密，是不是需要经常换盆？

A：是的。需要换盆，但不需要经常换盆。多肉长得非常密以后，建议将相邻的移栽出1~2株。原有的盆土可以坚持2年不换。

Q：花束和礼盒可以放多久呢？

A：若能保持正常的阳光，放2周左右没有问题。2周内不用浇水。但不能更久了，因为再久一些，植物就会失去活性，很难成活了。这时就需要换盆正常养护了。

植物更茁壮，看我的！